量子論から解き明かす「心の世界」と「あの世」

物心二元論を超える究極の科学

京都大学名誉教授
岸根卓郎

PHP

西洋科学では、現世を「見える物の世界のこの世」と「見えない心の世界のあの世」に峻別《しゅんべつ》し、そのうちの「見える物の世界のこの世」のみを科学研究の対象とし、「見えない心の世界のあの世」（神の世界）は「非科学的」であるとして科学研究の対象から完全に排除してきた。それが、いわゆる「物心二元論」の「近代西洋科学」の「科学観」（鉄則）である。

そのため、西洋科学の研究者の多くは「見えない心の世界のあの世」（神の世界）の「科学研究」へは決して踏み込もうとはしない。なぜなら、踏み込めば「非科学的である」と揶揄《やゆ》されるからである。

しかし、私はそれこそが「非科学的である」と考える。というのは、彼らは未だ発展途上にある「物心二元論」の「西洋科学」を全能と考え、それをすべての思惟《しい》・思考の根幹としているからである。

ところが、今後、科学がさらに発展・進化すれば、これまでは「非科学的な世界」と考えられてきた「心の世界」（神の世界）が「科学的な世界」へと変わる可能性がないとは決していえないのである。事実、二〇世紀に入り登場してきた「量子論」による、「物心二元論の科学観」から「物心一元論の科学観」への移行の兆《きざ》しが、それを象徴しているといえよう。

それゆえ、私は本書において、そのような「物心一元論の科学観」に立つ「量子論」を介して、これまでは「物心二元論の科学観」から「非科学的」として「排除」されてきた、「見えない心の世界」（神の世界）を「科学」しようと試みた。

はしがき

いうまでもなく、生ある者はいつかは必ず死ぬ。なぜなら、それこそがこの世における「生者必滅《しょうじゃひつめつ》の理《ことわり》」だからである。身近な者が死んで、この世から消え去ることほど儚《はかな》く切ないことはない。また、望みもしないのに、いきなりこの世に放り出され、混沌《こんとん》たる人生を経験させられ、最後に再び見知らぬあの世へと連れ去られることほど「理不尽」に思われることもなかろう。そのときになって、私たちは、はじめて、

「人は何のために生まれ、何のために死ぬのか」

あるいは、

「人は何処《いずこ》より来たりて、何処へ去るのか」

などと真剣に「自問自答」し「苦悶」することになる。

ところが、ここに銘記《めいき》すべきことは、そのような「苦悶の根源」こそが、外ならぬ「私たち自身の心の世界の問題」であり、しかも、それはまた見方をかえれば「私たちが神より課せられた天命」でもあるから、私たち自身がいつかは解明しなければならない「人類究極の命題」ともいえよう。

それにもかかわらず、この「命題」(心の世界の解明)への対応は、近代西洋科学では、これまでは「科学外の問題」として「不問」とされてきた。それこそが、いわゆる近代西洋科学の「鉄則」とする「物の世界のこの世」と「心の世界のあの世」を分別(峻別《しゅんべつ》)し、そのうちの「物の世界のこの世」のみを研究対象とする「物心二元論」の「西洋の科学観」である。

ところが最近になって、この「命題への対応」は「量子論」の登場によって大きく変わろうとしつつあるといえよう。なぜなら、量子論は、この「命題」を、従来のような「心の世界のあの世」を無視し、「物の世界のこの世」のみを研究対象とする西洋の「物心二元論」の「理論的な科学実験」(従来の物理学)によってでもなければ、東洋本来の「心の世界のあの世」と「物の世界のこの世」を分別せずに、両者を一体として考える「物心一元論」の「思弁的な思考実験」(哲学・宗教)によってでもなく、両者を「融合」した、まったく新しい「物心一元論」の「思弁的で理論的」な「思考型の科学実験」によって解明しようと取り組んでいるからである。ちなみに、その一例が荘子の「心の世界」について説《と》く「思弁的」な名言、すなわち、

「視乎冥冥《めいめいにみ》　聴乎無聲《むせいにきく》」
（見えない宇宙の姿を〈心〉で視、声なき宇宙の声を〈心〉で聴け）

に対する、量子論の「思弁的・理論的」な「思考型の科学実験」による回答（解答）である。すなわち、量子論はこの問題に対しても、「宇宙は〈人間の心〉なくしては決して〈存在〉しえないから、見えない宇宙の姿も、声なき宇宙の声も、〈人間の心〉があってはじめて〈見たり聞いたり〉することができる」

ことを「科学的」に立証した（コペンハーゲン解釈、後述）。そして、そのことをもっともよく比喩《ひゆ》的に表しているのが、量子論を象徴する、かの有名な、「月は人間（その心）が見たときはじめて存在する。人間（その心）が見ていない月は決して存在しない」

であるといえよう。このようにして量子論は、私たちに、「〈人間の心〉こそが〈宇宙を創造〉するから、〈人間の心〉なくしては〈宇宙の姿〉（宇宙の存在）も〈宇宙の声〉（宇宙の真理）も解明しえない」

ことを「科学的」に立証した。

そればかりか、量子論はまた、

「宇宙も人間と同様に〈心〉を持っていて、〈この世のあらゆる事象〉は、そのような〈宇宙の心〉と〈人間の心〉の〈調和〉（相互作用）によって成り立っている」

ことをも「科学的」に立証した（コペンハーゲン解釈、後述）。しかも、そのことを傍証しているのが、驚くべきことに、二〇〇〇年も前の「東洋の神秘思想」にいう、

「天人合一の思想」

（宇宙の心と人間の心は一体である）

であり、同じく「西洋の論理思想」（ライプニッツによる）にいう、

「大宇宙と小宇宙の自動調和」

（大宇宙の神の心と小宇宙の人間の心は自動的に調和している）

であるといえよう。

さらに、「量子論」は、

「〈宇宙は心〉を持っていて、〈人間の心〉を読み取って、その〈願いを実現〉してくれる（叶《かな》えてくれる）」

ことをも科学的に立証した（コペンハーゲン解釈、後述）。それこそが「量子論」を象徴する、もう一つの有名な比喩の、

「祈りは願いを実現する」

である。

加えて重要なことは、「量子論」は、

「〈見えない心の世界のあの世〉は存在し、しかもその〈見えない心の世界のあの世〉と〈見える物の世界のこの世〉はつながっていて、しかも〈相補関係〉にある」

ことをも「科学的」に立証した。いいかえれば、「量子論」は、

「〈見えない心の世界のあの世〉と〈見える物の世界のこの世〉はつながっていて〈物心一元論の世界〉である」

ことをも「科学的」に立証した（ベルの定理とアスペの実験、後述）。

以上を総じて、本書で究明すべき「究極の課題」は、

「第一に、人間にとって、もっとも知りたいがもっともわからないため、これまでは〈物心二元論〉の観点から〈科学研究の対象外〉として無視されてきた〈心の世界のあの世の解明〉と、第二に、同じ理由で、これまでは〈科学研究の対象外〉として無視されてきた、〈心の世界のあの世と物の世界のこの世の相補性の解明〉について、それぞれ〈量子論の見地から科学〉しなければならない」

ということである。その結果、私が本書を通じて学びえたことは、

「人類は〈量子論の世界〉を知らずして、〈見えない心の世界のあの世〉についても、その〈見えない心の世界のあの世と、見える物の世界のこの世の関係〉についても解明しえないから、人類はもはやこれ以上先へは進めないし、〈深化〉もできない」

ということである。事実、「私自身、ひとたび〈量子論の世界〉へと踏み入るや、〈量子論に魅了〉され、〈心の世界の不思議〉や〈あの世とこの世の不思議の解明〉へと〈科学的〉に誘われ、それを〈究めたい〉との思いに駆られてならない」

ことになる。私が、本書を上梓《じょうし》し、それを世に問う所以《ゆえん》はそこにある。

いうまでもなく、量子論がこれまでに果たしてきた「人類への貢献」は、このような「心の世界の面への貢献」にとどまらない。というよりは、これまではむしろ「物の世界の面への貢献」のほうが主流であったといえよう。その証拠に、

「〈量子論の発見〉がなければ、〈人類叡智《えいち》の象徴〉の一つともいえる、今日みるような〈情報社会〉（ＩＴ社会）の到来は決してありえなかった」

といえよう。とはいえ、私は、本論を通じて明らかにするように、

「〈量子論〉の人類への〈究極的な貢献〉は、このような〈物の世界の面だけへの貢献〉にとどまらず、それをも超えて〈心の世界の面への貢献〉にもあってほしいと願っているし、おそらくは、そう遠くない将来に必ずそうなるもの」

と信じている。とすれば、

「ついに、〈心の世界の時代〉がやってきた」

といえよう。その意味は、

「いまや、西洋本来の〈物の豊かさ〉を重視する〈物心二元論〉の物質追求主義の〈物欲文明の時代〉は終焉《しゅうえん》し、これからは東洋本来の〈物の豊かさ〉と〈心の豊かさ〉を同時に重視する〈物心一元論〉の〈物も心も豊か〉で、〈徳と品格〉を備え、〈礼節〉を知る、〈精神文明の時代〉がやってきた」

ということである（後述）。しかも、そのことを史実によって科学的に実証しているのが、私の、

「〈文明興亡の宇宙法則説〉にいう、今世紀中にも見られる、〈西洋物質文明〉から〈東洋精神文明〉への〈文明交代〉による、〈心の文明ルネッサンス〉の到来である」

といえよう。

されぱこそ、私はここに本書を上梓し、熱い想いを込めて、

「神よ、願わくば、人類に〈心の世界の扉〉を開かせたまえ！」

と祈りたい。しかも、それこそが、私が本書の課題を、

「量子論による心の世界の解明」

におき、その書名をして、

『量子論から解き明かす「心の世界」と「あの世」』

とする所以《ゆえん》である。

とはいえ、「量子論」は現代科学の最先端をいく「もっとも高度な科学」であるから、それに依拠《いきょ》する本書もまた必然的に「高度なもの」とならざるをえない。そのため、私は本書の執筆にあたり、それを可能なかぎりわかりやすく解説するよう最大限の努力を払ったつもりである。とはいえ、ここでとくに注意しておきたい点は、

「読者が従来の〈古典的な科学観〉（デカルト以来の物心二元論の科学観）から〈脱却〉ないしは〈超克《ちょうこく》〉しえないかぎり、〈量子論の理解〉は本質的に〈不可能〉である」

ということである。なぜなら量子論が指向するような、

「〈真に創造的な学問〉は人知を超えた〈神の領域〉（心の世界）にある」

からである。その意味は、

「〈真に創造的な学問〉は、〈物の世界の科学〉を超えて、〈心の世界の科学〉（神の領域）にまで踏み込んだ学問（科学）である」

ということである。いいかえれば、

「〈真に創造的な学問〉は、〈論理性〉と〈実証性〉の外に、〈精神性〉をも兼ね備えた学問（科学）である」

ということである。さらにいうなら、

「量子論こそは、まさにそのような〈物の世界の科学〉を超えて、〈心の世界の科学〉にまで踏

み込んだ〈従来の学問の域を超え〉る〈物心一元論〉の〈真に創造的な学問〉である」

といえよう。そして、

「本書もまた、そのような〈量子論〉に依拠した、〈従来の学問の域を超え〉る、〈真に創造的な学問〉を目指して、〈心の世界の解明〉に迫ろうとする」

ものである。


なお、ここに付記しておきたいことは、本書は私の前著の『見えない世界を科学する』（彩流社、二〇一一年）の姉妹編であり、しかも両著とも「心の世界の解明」を共通のテーマとする「心の書」であるという点では同じであるが、本書の「特徴」は、その「分析の視点」をとくに「量子論に集中」したということである。つまり、本書の特徴は、従来の哲学書や宗教書のような「形而上学」の「思弁的」な「心の書」とは異なり、現代の最先端科学の「量子論」に基づく「形而上学と形而下学」を融合した「思考型の科学実験」に基づく「新しい心の書」であるという点にある。

ただし、ここに誤解なきよう、とくに断っておきたい点は、本書は従来の「形而上学」の「思弁的」な「哲学書」や「宗教書」などの「心の書」を決して否定するものではなく、逆に、それらの「価値」を「量子論」の観点から「科学的に止揚《しよう》する」ことにある。ゆえに、このような見地に立って、本書と私の前著の『宇宙の意思』（東洋経済新報社、一九九三年）や『見えない世界を科学する』（彩流社、二〇一一年）などをも併せ読み進めていただければ、それらの「相乗効果」

によって、三者とも、より理解が深まるものと考える。

「はしがき」のおわりに、本書の出版にあたりお世話になった方々に対し、この場をかりて厚くお礼申し上げたい。著書なかんずく学術書で、しかもその内容が如何《いか》に重要でかつ価値あるものであっても、それが高度でしかも直接実益につながらないような書物は、読者層が限られ、出版が非常に困難とされている出版不況の現状にあって、本書がこのようにPHP研究所から発刊できたのは、ひとえに本書の内容の重要性と、その先見性を堅く信じて、本書の刊行を強く同研究所にご推薦くださった岐阜市民病院・病院長であり、岐阜大学医学部客員臨床系医学教授でもある冨田栄一氏（私の塾である「岸根ゼミナール・21」の受講者のお一人）、および同教授のご友人で、本書の出版を直接同研究所へ働きかけてくださった経営心理学者であり、元・福島大学教授でもある飯田史彦氏（PHP研究所発刊の「生きがいの創造シリーズ」の著者）の両氏のご厚意とご尽力のおかげである。ここに、両氏に対し心からなる謝意を表し、厚くお礼申し上げたい。

また、本書の出版にあたり誠心誠意ご対応くださったPHP研究所学芸出版部の細矢節子氏に対しても、そのなみなみならぬご配慮とご協力に対し、深く感謝申し上げたい。さらに、「従来の学問の域を超える内容の本書」を、「知的興奮を味わった」として高く評価し、その出版をご決定くださったうえに、本書の編集をも「心を込め」てご担当くださった、同研究所学芸出版部部長の大久保龍也氏に対しても、その高いご見識と深いご配慮に対し深甚なる謝意を表し厚くお礼申し上げたい。私は、本書の出版にあたり、最良の編集者に巡り会えたと心より感謝している。

本書は、これらの方々のご厚意とご尽力のお陰で発刊することができた。重ねて厚くお礼申し上げたい。

一方、私もまた自身の長い学者人生における「結びの書」として、「後世に貢献できる書」をと願いつつ、本書の執筆に精魂を傾けてきたが、本書がこれらの多くの方々のご厚意とご協力のお陰で上梓できることを心より感謝し嬉《うれ》しく思っている。

最後に、私のこれまでの長い学者生活を真心をもって支え続けてきてくれた妻と、私のこれまでの多くの著書の執筆にあたり、つねに心を込めて協力してくれた息子に対し、ここに厚い感謝の念と深い想いを込めて本書を贈りたい。

二〇一四年初春

岸根卓郎

量子論から解き明かす「心の世界」と「あの世」

目次

第三部 あの世とこの世の関係

第四部　進化する量子論――物質世界の解明

第五部　量子論の明日への期待――心の世界の解明

参考文献

カバーデザイン　大平年春
帯・表紙・扉デザイン　沼尻真和
カバー写真　岸根　誠
第二章イラスト（2-2を除く）　井上富佐夫

第一部

見えない宇宙の探索

一　見えない宇宙の探索はなぜ必要なのか

「見えない真空のエネルギー宇宙」が、「見えない宇宙」（宇宙全体の九五％）と「見える宇宙」の「物質宇宙」（宇宙全体の五％）を生み、その「見える宇宙」が「見える銀河」や「見える地球」などを生み（図1−1を参照）、その「見える地球」が「見える生物」を生み、その「見える生物」がまた「見えない命」や「見えない心」を育《はぐく》んできたことは紛れもない事実であろう。しかも、そのことを「見える形」で実証しているのが外ならぬ一本の長い「遺伝子の糸」の「DNA」であるといえよう。

とすれば、本書の研究課題とする「見えない心の世界」を探るには、結局、その「見えない心の世界」を創造した一番の元（素、基）になる「見えない真空のエネルギー宇宙の探索」から始めなければならないことになろう。私が、本書の冒頭の第一部をして、「見えない宇宙の探索」

とする理由はそこにある。

ところが、本書を通じて明らかにするように、「量子論」は驚くべきことに、

図1-1　宇宙の構成図

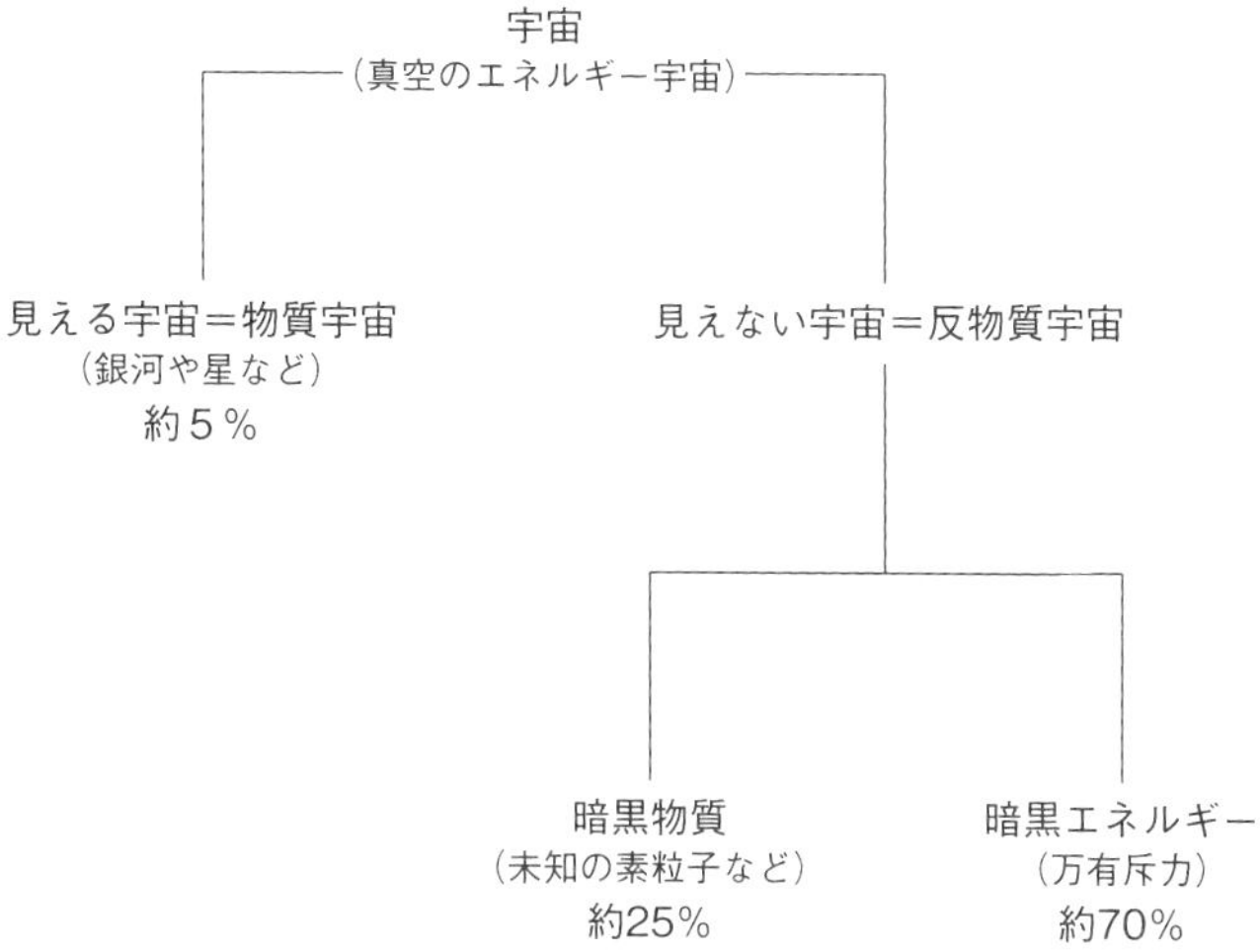

「その〈見えない宇宙〉によって創造された、〈見えない人間の心〉が、逆に〈見える宇宙〉を創造している」

ことを「科学的」に立証した。とすればそのことはまた、

「〈見えない人間の心〉こそが、〈見えない宇宙〉と〈見える宇宙〉のすべてである」

ことを意味していることになろう（量子論的唯我論、後述）。そのことを傍証しているのが通説の、

「〈天人合一の思想〉や〈大宇宙と小宇宙の自動調和の思想〉である」

といえよう。

このようにして、結局、私が本書の「課題」とする、

「量子論が解き明かす心の世界の解明」

には、何よりもまず、

「見えない宇宙の探索」からはじめなければならないことになろう。

宇宙は一三七億年前に誕生したといわれているが、その宇宙に存在する超新星（寿命が尽きて大爆発を起こした星）を観測しているうちに、遠方にある超新星ほど「加速度的」に速く遠ざかっていることから、宇宙は「加速度的に膨張」していることが明らかにされた。しかも、その後の研究によって、その「膨張要因」こそが図1-1に示すように、「見えない宇宙」の「暗黒エネルギー」であると考えられるようになってきた（参考文献1）。

ところが、そのような状態が続けば、宇宙は「膨張しっぱなし」になることになる。そこで一方では、そうならないように、宇宙は「見える宇宙」の「物質宇宙」（それらはすべて九二種類の元素のいずれかからなっている）の銀河や星などの「重力」によって逆に内側へ引っ張られ、その「膨張スピードが減速」するようになっていると考えられている。

それればかりか、さらに最新の研究によって、宇宙は「見えない宇宙」の「暗黒エネルギー」（宇宙全体の六九・五％）と「見えない宇宙」の素粒子などの「暗黒物質」（宇宙全体の二五・四％）によってほとんど占められており、「見える宇宙」の銀河や星などの材料となる元素でできた通常の「物質宇宙」は宇宙全体のわずか四・九％にすぎないこともわかってきた。

さらに、その後の研究によって、このうちの「暗黒エネルギー」は「万有引力」とは逆の、何

図1-2　宇宙の膨張の様子

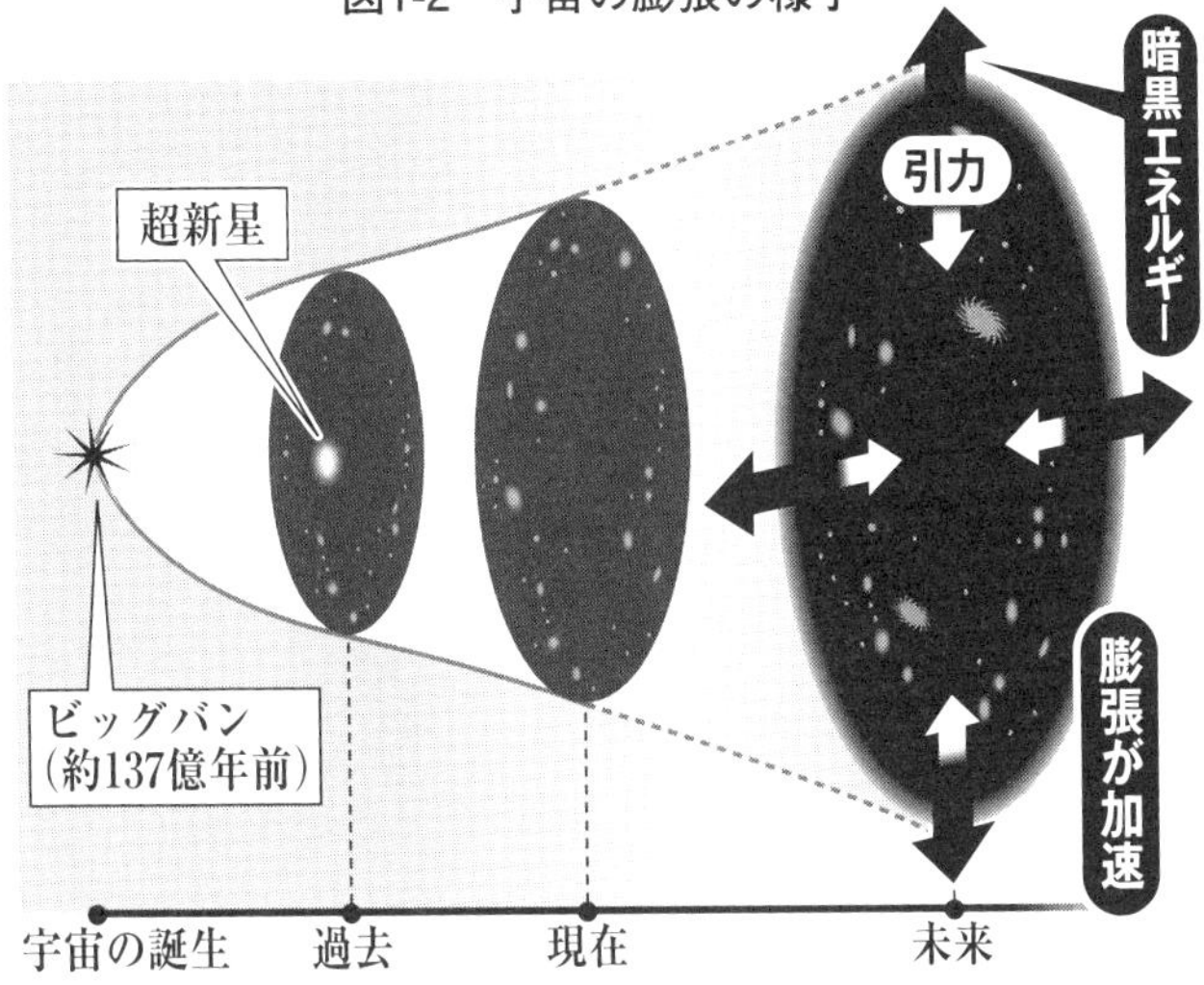

（写真提供：共同通信社）

でも「弾き飛ばして」しまう、いわば「万有斥《せき》力《りょく》」のようなものからなっており、一方の「暗黒物質」は「未知の素粒子」や「ブラックホール」などからなっていると考えられるようになってきた。

しかし、それらの「見えない真空のエネルギー宇宙」の「正体」そのものは未だ不明とされているが、この「暗黒エネルギー」の「万有斥力」によって「宇宙の膨張」は図1－2に見るように加速されており、千年後の宇宙は現在の宇宙の五〇〇倍に膨れ上がると推定されている。

このように、「見えない宇宙」は「暗黒エネルギー」と「暗黒物質」からなっていると考えられているが、そのうちの「暗黒物質の要素」とみられている「未知の素粒子」や「ブラックホール」などを探ろうとするのが、以下に述べる「素粒子加速器」による研究である。この「素粒子加速器」では、ほぼ光速にまで加速した水素の原子核同士を正面衝突させ、そのさいに生じる原子よりもはるかに小さい粒子の素粒子の中から「未知の素粒子」を探そうとするものである。

そのさい、素粒子加速器の「通り道」が、直線になっているのが「線形加速器」、曲線（リング状）になっているのが「円形加速器」と呼ばれるものであるが、その「円形加速器」のなかでも、とくによく知られているものの一つに、スイスとフランスの国境近くのセルン（ＣＥＲＮ）という欧州合同素粒子原子核研究機構にある素粒子加速器がある。

この素粒子加速器は、一周二七〇キロメートル、深さ一〇〇メートルの円筒形の地下トンネルを掘り、その内部に真空パイプを二本敷設し、それを零下二七一度にまで冷やし、その中で水素の原子核（陽子）同士を光速近くにまで加速して正面衝突させ、そのさい現われる「未知の素粒子」を探すようになっている。図1-3に示す「円形加速器」の「ラージ・ハドロン・コライダー、ＬＨＣ」がそれである。

このような「素粒子加速器」は、いわば見えない「極微《ミクロ》の世界」を探る「顕微鏡」ないしは「探査機器」（探知器）のようなもので、その目的は「宇宙の起源」や「物質の成り立ち」などについての決定的な「原因の解明」にあるとされている。事実、素粒子同士を光速に近い速度で衝突させることによって、超高温・超高圧の世界を造り出すことができるが、強力な加速器であればあるほど宇宙が誕生した「ビッグバン直後」に、より近い状態を再現することができ、それに

図1-3　素粒子加速器とセルンの全景

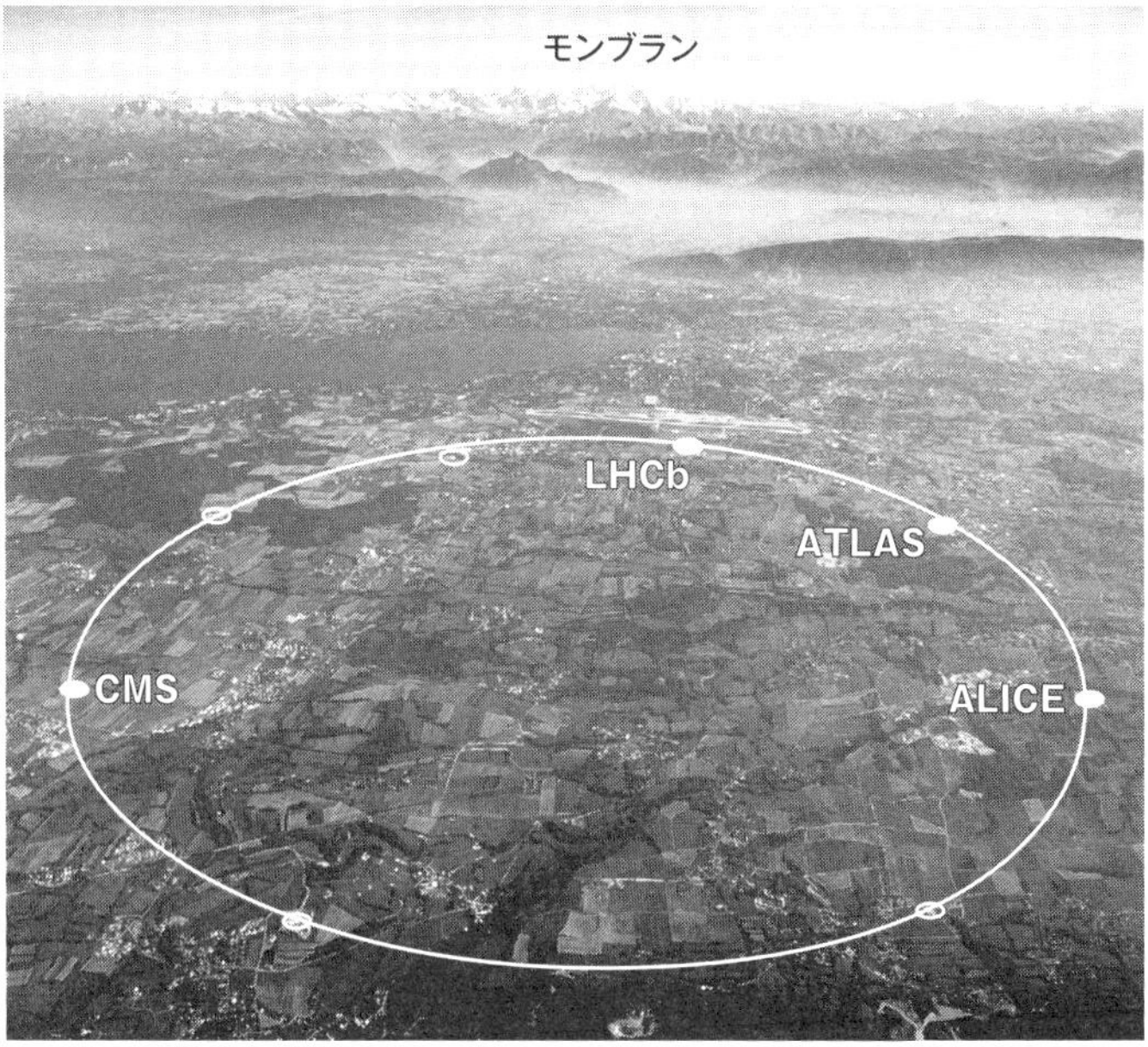

（写真提供：CERNアトラス実験グループ）

よって「宇宙の起源」や「物質の成り立ち」を知ることができるとされている。そして、それこそが量子論の「現在の主要研究課題」になっているといえよう。

ちなみに、この実験の狙いの一つは、その存在が予言されている「暗黒物質」の一つ「ヒッグス粒子」の発見にあるとされている。「ヒッグス粒子」とは、空間を「水あめ」のように満たしていて、他の粒子の動きに「ブレーキ」をかけ、「物質の重さ」（質量）の起源になったと考えられている素粒子のことである。

そして幸いなことに、これまで世界中の物理学者らが四〇年以上もの歳月をかけて探し求めてきた、その「ヒッグス粒子」がついに発見されたとの報道が最近になってなされた（二〇一二年七月）。そして、それによって「ヒッグス粒子」の存在の予言者のピーター・ヒッグス氏に対しノーベル物理学賞が授与された（二〇一三年）。しかも、そのヒッグス粒子の発見の「基礎理論」となったのが、同じく二〇〇八年にノーベル物理学賞を授与された南部陽一郎氏の理論（後述）であったといわれている。しかも、

「ヒッグス粒子の発見こそは、宇宙の成り立ちの解明につながる〈世紀の大発見〉であり、現代物理学の研究にとって新たな扉を開く」

とさえいわれている。この「ヒッグス粒子」は宇宙のどこにでもあるはずなのに見つからないので、「神の粒子」とまで呼ばれてきた。誕生したばかりの宇宙には、互いにほとんど関わりを持たずに光速で動き回る粒子しかなかったとされているのに、そのような宇宙にどうして現在、私たちが見るような「様々な質量を持つ物質」が生まれてきたのか、その鍵を握るものこそが、外ならぬ「ヒッグス粒子」であると考えられている。その意味は、

「宇宙空間を光速で走り回っている多くの粒子に、ヒッグス粒子がまとわりついて、それらの粒子の速度を遅らせて、粒子に〈質量〉を持たせ、その結果、様々な質量を持たされたそれらの粒子が互いに絡みあって、現在、私たちが見るような〈様々な質量を持った様々な物質〉が形成された」

ということである。そして、これこそが、

「〈物質の始まり〉であり、それによって宇宙が星や銀河や生物などの様々な〈万物〉であふれるようになった」

と考えられている。このようにして、

「宇宙の真空という空間は、実は、空っぽではなく、〈ヒッグス粒子〉がぎっしり詰まった空間である」

ことが明らかにされた。

なお、後に再度明らかにするが、これまでに宇宙で見つかっている粒子には「二種類」あるとされている。すなわち、「物をつくる粒子」と「力を伝える粒子」がそれである。ところが、この「ヒッグス粒子」だけはそのどちらにも属さず、それらの粒子に「質量を与える粒子」と考えられている。

以上、「見えない宇宙の探索方法」の一つとしての「素粒子加速器」による「ヒッグス粒子の発見」について述べたが、今後、さらに期待されている成果としては、

①「ヒッグス粒子」の基本的な性質の解明
②見えない暗黒物質の正体の解明（未知の素粒子の正体の解明）
③宇宙が四次元以上であることの手がかりの発見

などがあげられている。

いうまでもなく、本書の研究課題とする「量子論による心の世界の解明」の究極目的は、このうちの②の「見えない暗黒物質の正体の解明」にある。その意味は、

「宇宙には〈見えない暗黒物質の宇宙〉が存在しており、その〈見えない暗黒物質の宇宙の正体〉こそが、〈宇宙の先験的情報〉としての〈宇宙の心〉と考えられるから、それを解明することこそが本書の目的である」

ということである。いいかえれば、

「量子論によって、〈見えない暗黒物質の宇宙の正体〉である〈見えない宇宙の先験的情報〉としての〈見えない宇宙の心〉を解明することこそが、本書の目的である」

ということである。なぜなら、それは後にも詳しく述べるように、

「量子論の科学実験（素粒子の粒子性、波動性、状態の共存性、波束の収縮性、遅延選択などの科学実験）によって、〈見えない宇宙の暗黒物質の素粒子〉は〈心を持って〉いて、〈見えない人間の心〉を〈感知〉し〈挙動〉することが明らかにされた」

からである。その意味は、

「宇宙の暗黒物質の〈素粒子〉は単なる〈物質〉ではなく、人間と同様に〈心〉を持っていて、人間の〈心〉を読み取って〈行動〉することが明らかにされた」

ということである。

二　量子論的唯我論
――コペンハーゲン解釈が説く、驚くべき世界観

とすれば、これほど重要なことはなかろう。なぜなら、

「量子論は〈宇宙の暗黒物質〉の〈素粒子〉の〈科学実験〉を通じて、見えない〈素粒子の世界のあの世〉と、見える〈人間の世界のこの世〉との〈心の交流〉を〈科学的〉に立証した」ことになるからである。


そればかりか、さらに重要なことは、前述のことはまた見方をかえれば、

「私たち人間が何かを観察している場合には、私たちの観察（その意図、心）はつねに宇宙の万物（その心）に何らかの〈影響〉を与えている」

ことになるからである。なぜなら、

「万物を構成する素粒子の一つの〈電子〉は、私たちの体外だけではなく、私たちの体内にもあるから、私たちの行動は、その〈素粒子の心〉を通じて、私たち自身の行動だけではなく、万物の行動にも、自然の在り方にも、宇宙の在り方にも〈影響〉を与えていることになる〈電子の非

局所性）」

からである。とすれば、そのことはまた、

「私たち人間は、単なる宇宙の観察者ではなく、宇宙への〈関与者〉でもある」

ということにもなる。それゆえ、最近の「量子論」では、

「素粒子の実験において、これまでは観察者と呼んでいた実験者のことを、公式に〈関与者〉と呼ぶことに改めた」

といわれている。

ここで、前述のことを、「本書のもっとも主要な研究課題」である「人間原理」としての「量子論的唯我論」、いわゆる「コペンハーゲン解釈」（後述）の立場からも重ねていえば、驚くべきことに、

「私たち〈人間〉は単なる宇宙の観察者であるばかりか、〈宇宙の創造者〉でもあり、しかもその〈宇宙〉はまた私たち〈人間〉に依存している」

ということになる。よりわかりやすくいえば、

「宇宙の〈万物〉や宇宙で起こるさまざまな〈出来事〉は、すべて〈潜在的に存在〉していて、私たち〈人間〉がそれを観察しないうちは実質的な存在（実在）ではないが、〈観察〉すると突然〈実質的な存在〉（実在）になる」

ということである。さらにいえば、

「宇宙の〈万物〉や宇宙で起こるさまざまな〈出来事〉はつねに潜在しているが、それを観察する私たち〈人間の心〉がないかぎり決して〈実在〉しえない」

ということである。しかも、このことを「科学的」にもっともよく比喩《ひゆ》しているのが「量子論を象徴」する、

「月は人間（その心）が見たときはじめて存在する。人間（その心）が見ていない月は存在しない」

であろうし、「思弁的」に比喩しているのが「法然上人」のいう、

「月かげの　いたらぬ里は　なけれども　眺むる人の　心にぞ住む」

ではなかろうか。

そして、そのことをユージン・ウィグナーは、

『私たちの意識が、私たちを変えることによって、この世（宇宙）を変える。しかも、その意識は私たち自身がその量子的波動関数を変えることによって（波束の収縮によって：著者注）、それを行う』

といっている。さらに、ジョン・ホイーラもまた、後述する彼の「遅延選択の実験」を敷衍《ふえん》して、

『宇宙は人間の心によってのみ存在する』

ともいっている。

このようにして「量子論的唯我論」（コペンハーゲン解釈）によれば、結局、「〈宇宙〉は、〈人間による認知〉を待っている」

ことになる。とすれば、そのことはまた見方をかえれば、「〈人間〉こそは、森羅万象《しんらばんしょう》を決定する〈宇宙の最高位の存在〉である」

ということにもなろう。これこそが、「〈人間原理〉としての〈量子論的唯我論〉の意味である」

といえよう。ところが一方では、『ミクロの世界の現象を、一躍、宇宙にまで拡大解釈するのは行き過ぎではないか、量子論世界の認識論はまだ確立していない』

との意見があるのも事実である（参考文献2）。

しかし、私の立場は、後にも詳しく述べるように、「量子論は体験に基づいて発展してきた科学であり、実際にミクロの世界で起こっている現象を〈実験〉によって厳密に確認しつつ進化してきた〈正真正銘の学問〉であるから、量子論を理解するには量子論の主張が従来の科学常識から見て、いかに納得しがたいものであっても、私たちはその主張を〈真正面〉から〈素直〉にかつ〈真摯《しんし》〉に受け入れなければならない」

というものである。その証拠に、後に詳しく述べる「コペンハーゲン解釈」にいう「波束の収縮」の例の一つをとってみても、「波束の収縮」による「情報伝達の速さ」は「地球」はおろか「宇宙規模」にまで及ぶという、「従来の科学常識」ではとうてい考えられないような「超常現象」を引き起こす。そればかりか、さらに驚くべきことに、

「そのような〈超常現象〉は〈人間の意識〉（人間の心）によってのみ起こる」

という。とすれば、それこそは紛《まぎ》れもなく、

「人間原理としての〈量子論的唯我論の正当性〉を立証している」

ことになるといえよう。本書の「究極的な研究目的」は、まさにこの点の解明にある。ではなぜ、そのようなことが実際に起こるのか。それは、

「ミクロの世界には、コペンハーゲン解釈にいうような、マクロの世界ではとうてい通用しないようなパラドックスがある」

からである。そして、その「パラドックス」こそが私たちに、

「人間が〈従来の科学常識〉では〈合理的〉と考えてきたことにも〈大きな誤り〉があるから、それを〈改め〉なければならないことを教えてくれている」

のである。このようなことから、私がここに「量子論」を理解するうえで最初に指摘しておきたいもっとも重要な点は、

「量子論は従来の科学常識（科学理論）では決して理解できないが、それは量子論が〈誤ってい

る〉のではなく、量子論が従来の科学常識ではとうてい理解できないような〈未知の真理〉であるからである」

ということである。いいかえれば、

「〈量子論〉こそは、従来の〈物の世界の学問の域〉を超えて、〈心の世界の学問の域〉にまで踏み込んだ、〈物心一元論〉の〈真に創造的な学問〉であるからである」

ということである。

とすれば、私は、

「その〈未知の真理〉を〈直観〉（直覚）し、その真理を〈真正面〉から〈真摯〉に受け止めることこそが、量子論を学び理解する上での〈王道〉である」

と考える。

ゆえに以上を総じて、私がここで重ねて指摘しておきたい重要な点は、

「〈量子論的唯我論〉（コペンハーゲン解釈）の主張は〈強烈〉かつ〈不可解〉であるが、それは〈人間の心〉こそが〈全宇宙〉であることを宣言している〈究極の真理〉であるからである」

ということである。しかも、そのことを見事に傍証しているのが「西洋の論理思想」にいう、

「大宇宙と小宇宙の自動調和の思想」

（宇宙の心と人間の心は自動的に調和しているとの思想）

であり、「東洋の神秘思想」にいう、

「天人合一の思想」

（宇宙の心と人間の心は一体であるとの思想）

であり、さらには「佛教の法身」（基本的教義）にいう、

「即心即佛　一心一切」

（人間の心そのものが佛、すなわち宇宙の心であり、人間の心そのものが宇宙の万物である）

であるといえよう。

ゆえに、もしも私たちがこのような「量子論的唯我思想」（コペンハーゲン解釈）を素直に受け入れることさえできれば、

「これまでは、人間にとっては〈神秘的〉とさえ思われてきた〈心の世界〉の多くの〈不可解な出来事〉も〈科学的〉に納得いく形で理解できる」

のである。そして、このことこそが、私が、

「量子論研究の〈究極の目的〉は、見えない〈宇宙の暗黒物質の素粒子〉の〈物理学的な解明〉に止まらず、それをも超えて〈人間原理〉に立った〈心の世界の解明〉にあるべきである」

とする理由であり、それこそがまた、私が本書の冒頭の第一部において、

「見えない〈心の世界の宇宙の探索〉の必要性」

を説き、かつ本書の「研究目的」をして、

「量子論による心の世界の解明」

とする所以である。

しかも、そのような「心の世界の到来」を「史実」によって「科学的」に傍証したのが、私の『文明興亡の宇宙法則』に説く、

「今世紀以降には必ず実現する、西洋物質文明から東洋精神文明への周期交代による〈心の文明ルネッサンス〉の到来である」

といえよう。より詳しくは、

「人類文明は有史以来、西洋の物心二元論の物質文明と東洋の物心一元論の精神文明の二極に分かれ、それらが互いに〈宇宙の基本的エネルギーリズム〉の八〇〇年周期と、〈宇宙の基本的エネルギー法則〉であるエネルギー移動の法則によって、正確に八〇〇年の周期で興亡を繰り返し、今回が八回目の交代期にあたり、これからの八〇〇年間はこれまでの〈西洋物質文明〉に代わり〈東洋精神文明〉の時代が必ず到来する」

ということである。ついに、

「心の時代がやってきた!」

といえよう。この点についてより詳しくは、拙著〈参考文献3、4、5〉をも参照されたい。

以上、「見えない宇宙の探索」の必要性と、その持つ意味の重要性〈量子論的唯我論〉について明らかにした。

三　物心二元論の古典的な科学観を超克する

デカルト以来の「見える三次元世界」の「物の世界」の「この世」のみを研究対象とし、「見えない四次元世界」の「心の世界」の「あの世」を研究対象としてこなかった「物心二元論」の「古典物理学」（ニュートンの理論や相対性理論など）の科学的手法の特徴は、「まず自然現象（事象）を徹底的に〈分析〉（分解）し、ついでそれをやみくもに〈理論武装〉（数学モデル化）してきた」

ということである。なぜなら、その背景には、「〈科学的〉であるためには、理論的な説明がつくこと、それゆえ〈論証性〉があること、および、いつでも実証できて、再現できること、それゆえ〈実証性〉と〈再現性〉があることの〈三つの基本的条件〉が満たされることが〈必須条件〉とされてきた」

からである。そのため、

「〈見える三次元世界〉の〈物の世界〉の〈この世〉のみを研究対象としてきた従来の〈古典物理学〉（総じて西洋科学）では、〈論証性〉も〈実証性〉も〈再現性〉も保証されないような〈見えない四次元世界〉の〈心の世界〉といった〈曖昧《あいまい》な世界〉の研究は〈非科学的〉であるとして完全に〈排除〉ないしは〈捨象〉されてきた」

のである。ところが、ここに特記すべき重要な点は、

「このように〈理論武装〉された〈理性の科学〉の〈古典物理学〉には〈重大な欠点〉がある」

ということである。なぜなら、

「そのように〈理論武装〉された〈理性の科学〉の〈古典物理学〉では、科学者が〈研究対象とする世界〉を〈分析〉し、それを〈抽象化〉して〈数学モデル〉（仮説）をつくるさいに、〈心の世界〉のような〈曖昧な世界〉、総じて〈見えない世界〉は〈数学的に表現できない〉から、それらをすべて〈無視〉ないしは〈捨象〉して〈数学モデル〉（仮説）をつくるから、研究対象とする世界に、〈見えない心の世界〉のような〈曖昧な世界〉が含まれていれば、それを捨象して〈抽象化〉した〈物心二元論〉の〈数学モデル〉（理論武装した仮説）は、ますます〈現実から乖《かい》離《り》〉することになる」

からである。その証拠に、

「〈抽象化された数学モデル〉それゆえ〈理論武装された仮説〉に依拠する〈理性の科学〉の〈古典物理学〉（総じて西洋科学）では、そのモデル（仮説）に〈矛盾〉が発見されれば、直ちに〈崩壊〉する」

ことになる。ちなみに最近「理性の科学」の象徴ともいえる「相対性理論」に疑問が出ている

のはそのためである。これに対し、

「〈見える三次元世界の物の世界のこの世〉と〈見えない四次元世界の心の世界のあの世〉を分別せずに同時に研究対象とする〈物心一元論〉の〈量子論〉は、〈数学モデル〉〈仮説〉に依拠せずに、〈実際の観測〉と〈科学実験〉にのみ依拠しており、研究対象の世界を抽象化したり捨象したりする〈仮説に依拠する古典物理学〉とは〈基本的に異なる〉から、そのような〈危険性〉はない」

とされている。

ゆえに、以上を総じていえる「もっとも重要な点」は、

「〈物心二元論〉の〈古典物理学〉は、〈見えない四次元世界〉の〈心の世界〉の〈あの世〉を排除して、〈見える三次元世界〉の〈物の世界〉の〈この世〉のみを研究対象とする〈数学モデル〉〈仮説〉に依拠した〈理性の科学〉であるから、その〈仮説が崩壊〉すれば〈すべてが崩壊〉する」

ということである。それを比喩《ひゆ》すれば、

「〈数学モデル〉の〈仮説〉の上に構築された〈物心二元論〉の〈古典物理学〉は、家そのものが〈崩壊寸前の崖〉〈それゆえ誤った仮説〉の上に建っているのに、その〈家の設計図〉は〈理論的に正確〉であるから、家は決して〈崩壊〉しない」

というのと同じである。あるいは別の比喩を用いれば、

「〈宝くじが当たっていない〉のに、〈宝くじが当たった〉という〈誤った仮説〉を基に、いくら〈正確な設計図の家〉を建てても、〈宝くじが当たらなければ〉（仮説が誤っておれば）、その家はない〉のと同じである」

ということになる。これに対し、

「〈見えない四次元世界〉の〈心の世界〉の〈あの世〉と、〈見える三次元世界〉の〈物の世界〉の〈この世〉を分別せずに同時に研究対象とする〈物心一元論〉の〈量子論〉は、仮説には一切依拠しない、〈観測と実験〉にのみ依拠する〈実用的な科学〉であるから、仮説に依存する〈古典物理学〉に見るような欠陥は決してない」

のである。その意味は、

「量子論でも、もちろん〈数学モデル〉は使用するが、そこで使用される数学モデルは〈仮説としての数学モデル〉ではなく、〈観測と実験〉に基づいて構築された〈現実的な数学モデル〉であるから、仮説の〈数学モデル〉の上に立つ古典物理学とは異なり、〈信頼性〉も〈実用性〉もともに高い」

ということである。

それゆえ、以上を総じていえるもっとも重要な点は、

「読者が、従来の〈心の世界〉を排除した〈物の世界〉にのみ依拠する〈物心二元論〉の〈仮説の世界〉に立つ〈理性の科学観〉から〈脱却〉ないしは〈超越〉しえないかぎり、〈物の世界〉

と〈心の世界〉を同時に研究対象とする〈物心一元論〉の〈実際の世界〉（正しい世界）に依拠する〈量子論の科学観〉の理解は本質的に〈不可能〉である」

ということである。

そのことはまた、見方をかえて比喩すれば、量子論学者のヒューストン・スミスのいう、

「宇宙は人間の心の化身《けしん》（結晶化）である」

との「物心一元論の科学観」も、また佛教の「法身」（基本的教義）にいう、

「即心即佛　一心一切」

すなわち、

「人間の心こそが佛の心（宇宙の心）であり、人間の心こそが宇宙の万物である」

との「物心一元論の思想」も本質的に理解不可能であるということである。その意味は、

「人間は、物心二元論の科学観を超克し、〈物心一元論の科学観〉に立ってはじめて、量子論の説く〈心の世界〉が理解できる」

ということである。とすれば、結局、

「量子論の説く〈心の世界〉が理解できるか否かは、〈物心一元論の科学観〉を素直に受け入れることができるか否かの〈読者自身の心の在り方〉の如何《いかん》にかかっている」

ということになろう。

第二部

量子論が解明する心の世界

第二部では、まず「量子論の歴史」について述べ、その後「量子論を理解するための基礎理論」としての電子の「波動性の理論」「粒子性の理論」「状態の共存性の理論」「波束の収縮性の理論」および「不確定性原理」などのいわゆる「コペンハーゲン解釈」について明らかにし、それを理論的根拠に、人類にとってもっとも知りたくてもっともわからない「見えない心の世界の解明」、それゆえ「量子論的唯我論の解明」に迫ることにする。

一　量子論の誕生

ニュートン理論や相対性理論は「見えるマクロの世界」を研究対象とする理論であるのに対し、量子論は「見えないミクロの世界」を研究対象とする理論であり、それらはともに「自然界」を研究対象とする「二大理論」とされている。

このことを、バットでボールを打つ野球を例にとって比喩すれば、ボールの「飛ぶ姿」（それゆえ現象の結果）を研究対象とするのが「見えるマクロの世界の理論」である「ニュートン理論」や「相対性理論」であり、ボールの「飛ぶ原因」（それゆえ現象の真因）を研究対象とするのが「見えないミクロの世界の理論」である「量子論」であるといえよう。

ちなみに、なぜバットでボールを打てばボールが飛ぶのかといえば、それはバットやボールの表面には「原子」があり、その原子の表面にはさらにマイナスの電気を持った素粒子の「電子」があるので、バットでボールを打つと、両者の「電子の反発力」によってボールが飛んでいくからである。それゆえ、この例の意味は、

「どんな卑近《ひきん》なマクロの世界（ニュートン理論や相対性理論の対象世界）の現象も、その根本原因

を探っていけば必ずミクロの世界（量子論の対象世界）に行き着く」

ということである。つまり、ここで私の指摘しておきたいもっとも重要な点は、

「この世のどのような現象も、すべてミクロの世界とマクロの世界が必ず関係し合っており、マクロのこの世とミクロのあの世はすべての面で必ず〈つながって〉いる」

ということである。いいかえれば、

「ミクロのあの世とマクロのこの世は、すべての面で〈相依相関〉し〈相補関係〉にある」

ということになる。


ところが困ったことに、マクロの世界とミクロの世界とでは、その研究の対象領域がまったく異なっており、ためにその科学観（科学常識）もまた異なっているから、「ミクロの世界」の研究には、マクロの世界を研究対象とする「ニュートン理論」や「相対性理論」がまったく通用しないのである。その意味は、

「人間が通常知覚できる世界はマクロの世界にかぎられており、そこでの人間の科学常識は、人間が知覚できないミクロの世界では通用しないから、マクロの世界を専門に研究対象とする古典物理学（量子論以前の物理学のニュートン理論や相対性理論など）では、ミクロの世界の説明はまったくつかない」

ということである。そこに、

「ミクロの世界を研究対象とする、新しい理論としての量子論の誕生をみることになった」

のである。ただし、ここでとくに注記しておきたいのは、「古典物理学はマクロの世界にしか通用しない理論であるが、量子論はミクロの世界にも、マクロの世界にも通用する理論である」
という点である。そのことを実証しているのが、今日みる「ＩＴ社会」の出現といえよう。

そこで、はじめに「量子論誕生の歴史」について見れば、それは次の三つの時期に分けられるとされている。すなわち、

第一期は、量子論が物理学として初めて登場した「一九〇〇年代」で、マックス・プランクが「量子」を提唱した時代である。詳しくは、一九〇〇年十二月のクリスマスに開催されたベルリン物理学会で、プランクが「エネルギー量子仮説」を初めて発表したのが「量子論の誕生日」とされている。

第二期は、電子には「粒子」の性質があることが、ニールス・ボーアによって発見された「一九一〇年代」である。

第三期は、電子には「粒子の性質」の他に、「波の性質」もあることが、エルヴィン・シュレディンガーとマックス・ボルンによって発見された「一九二〇年代」である。

より詳しくは以下のとおりである。もともと、「量子論」の誕生は製鉄業の発展と密接な関係があるといわれている。なぜなら、質の高い製鉄を行うには、溶鉱炉《ようこうろ》内の温度を正確に知る必要

があり、それには「量子論の知識」がどうしても必要になったからである。ちなみに、一〇〇〇度を超えるような高温の溶鉱炉内の温度は温度計では計れないので、それを「光の色」で判断することになる。では、なぜそれが可能かといえば、物体が熱せられると、その物体が「温度に応じた色の光」を出すからである。そのため、いろいろな「温度」に応じて、どのような「色の光」が物体から放射されるかを調べる必要があった。

ところが困ったことに、従来の物理学では「光の色と温度の関係」をうまく説明することができなかった。そこで、この問題の解決のために新たに生まれたのが、「光」や「エネルギー」の性質を研究対象とする「量子論」であったといわれている。

従来の物理学では、エネルギーは「連続的」と考えられていた。しかし、量子論学者のマックス・プランクは、エネルギーは「不連続的」で、それ以上には分割できない「最小単位」があると考えた。そして、彼はそのような「エネルギーの最小単位」を「エネルギー量子」と呼んだ。ここに、「量子」(quantum)とは、「小さな固まり」(単位)という意味である。

では、何が「小さな固まり」になっているかといえば、「量が小さな固まり」になっているという意味である。たとえば、ミクロの物質が持つ「エネルギーの量」は「エネルギー量子」という「小さな固まりの集まり」である。このように、「量子」とは「一つ」「二つ」と数えられるような「小さな固まり」という意味であるが、エネルギーが、このように「一つ」「二つ」と、「とびとび」になる「小さな固まり」であるとする考え方は、量子論にとっては極めて重要な「画期的な考え方」であり、それは「量子仮説」とも呼ばれている。このようにして、プランクは、「物質には原子という最小単位があるように、エネルギーにも原子に相当するような最小単位のエネルギー量子がある」

と考えた。そして彼は、この考えを用いて、熱した物体から放出される「光の色と温度の関係」をうまく説明することに成功したといわれている。その功績によって、プランクは「量子論の父」と呼ばれるようになった。

これに対し、アルバート・アインシュタインの考えは、プランクのそれとは違って、「エネルギー自体に、それ以上に分割できない最小単位のエネルギー量子があるのではなく、光の持つエネルギーに、それ以上に分割できない最小単位の光量子がある」

というものだった。しかも彼は、

「光は、このような〈光量子が集団〉となって〈波の形〉で伝わっていく」

と考えた。その後、この「光量子」は一種の「粒子」とみなされるようになり、今日では「光子」と呼ばれている。このようにして、

「光の正体は〈粒子のような性質〉を持ちながら、〈波のような性質〉をも持っている」

ことが明らかにされた。その証拠に、

「光は、〈光子〉とも〈光波〉とも」

呼ばれている。そして、このことは「光量子仮説」ともいわれているが、それが契機となって、

「光の〈粒子性〉と〈波動性〉」

が明らかにされ、それがやがて、

「〈量子論の誕生〉へとつながっていった」

のである。それゆえ、アインシュタインは「光に関する量子論の創始者」と呼ばれている。アインシュタインは、その功績によって一九二一年の「ノーベル物理学賞」を授与された。ということは、アインシュタインは、自身のかの有名な「相対性理論」ではなく、「量子論」への貢献によってノーベル賞を授与されたことになり、アインシュタインは「量子論の創始者の一人」ともされている。

このようにして、アインシュタインによって、「光に関する量子論」への端緒《たんしょ》が開かれるようになった「光量子仮説」は、後にルイ・ド・ブロイに大きな影響を与え、それがやがて「物質粒子の量子論」の誕生へとつながっていった。ということは、ブロイによって、

「光と同様、粒子とみなされていた電子などの物質粒子にも、波としての性質、物質波があることが理論的に解明された」

といえよう。それゆえ、ブロイは「物質に関する量子論の創始者」と呼ばれている。

そして、このブロイの「物質波理論」に感銘を受けたエルヴィン・シュレディンガーは、その「物質波理論」をさらに発展させて、後に述べる彼自身の「波動力学」を完成させた。しかも、「その〈波動力学〉は、やがて〈量子力学〉の形式の一つとなり、その基本方程式の〈シュレディンガー方程式〉〈波動関数〉は、〈量子力学のもっとも重要な方程式〉の一つとなった」のである。

このように、ブロイが解明し、シュレディンガーが発展させた「物質波理論」は、その後、「ミクロの世界の現象」を次々と解明していった。ところが困ったことに、「〈物質粒子の持つ波の性質〉とは何か、それは何を意味しているのか」については「謎」のままであった。そのような中にあって、マックス・ボルンやニールス・ボーアらは、

「〈物質粒子の波〉は、その〈粒子の発見確率〉を表している」

との「物質波の確率解釈」を明らかにした。しかも、彼らは、

「物質粒子の電子の波の振幅の大きさもまた、電子の発見確率の高さに対応する」

ことをも明らかにした。その意味は、

「電子を波と考えると、電子の発見確率は、その電子の波の振幅が最大の場所で最大になり、振幅がゼロの場所で最小になる」

ということである。このようにして、

「〈電子の波〉もまた〈確率波〉である」

ことが明らかにされた。

それればかりか、彼らは、さらに、

「〈電子の波〉は、〈観察〉すると一瞬にして〈一点に収縮〉するという電子の波の収縮、いわゆる〈波束の収縮〉」

をも明らかにした。この「波束の収縮」は、別名「波動関数の収縮」とも「量子飛躍」とも呼ばれているが、このような「物質波の確率解釈」や「波束の収縮に関する解釈」こそは、従来の物理学からすれば、まったく意表を衝くような「新しい解釈」であるばかりか、「量子論を象徴するような極めて「重要な解釈」なので、その主張者のボーアが量子論の研究で活躍したデンマークの首都の「コペンハーゲン」の名に因《ちな》んで、「コペンハーゲン解釈」とも呼ばれるようになった。

ところが、量子論の創始者の一人ともいわれたアインシュタインは「物質の波」を「実体」を持つものと考えていたので、同じく量子論の創始者の一人と呼ばれたボーアの主張する「物質波の確率解釈」や「波束の収縮解釈」に対して猛反発した。それが有名な「アインシュタインとボーアの論戦」である。この点については後に再度述べるが、それればかりか、この「波束の収縮

論」は、その理論内容とは「別の面」でも、ボーアとアインシュタインの「大論争」を引き起こす原因となった。それは、

「波束の収縮のさいの、情報伝達の速さ」

に関してである。その例をあげると、いま電子が一個入った箱を二つに分断して、かりに一方の箱を京都に、他方の箱をパリに置いたとする。箱の中を開けて見るまでは、両方の箱の中には「電子の波」が「共存」している。ところが、京都かパリかのどちらか一方の箱を、人間が開けて中を「見た瞬間」に、「波束は収縮」して、見たほうの箱だけに「一個の電子」が見つかることになる。なぜなら、それは前記のように、電子は「粒子性」と「波動性」（それゆえ非局所性）と「波束の収縮性」の、いわゆる「量子性」を持っているからである。

しかも、そのさい問題となるのは、「箱が開けられて中が見られた」という情報が、京都とパリの間に「瞬間に伝わる」という「情報伝達の速さ」である。もちろん、二つの箱が置かれる距離は、なにも京都とパリにかぎらない。理論的には、宇宙のどんなに遠いところ（たとえば二〇〇万光年の距離にあるアンドロメダ銀河）に置かれていても、情報伝達の速さはまったく同じで「瞬間伝達」であるという。その意味は、「波束の収縮」のさいの「情報伝達」の速さは、光でさえも二〇〇万年もかかる距離を「瞬時」に伝わるということである。

さらにいえば、「波束の収縮」はどのように距離が離れていても関係ないということである。とすれば、このことの重要性は、

「波束の収縮における情報伝達の速さは、アインシュタインの特殊相対性理論にいう、この世では（自然界では）光速を超える速さ（超光速）は絶対にないとする主張をも完全に否定することになる」

ということである。

二　量子論を理解するための五つの基礎理論

以上、「量子論の発展史と、その理論の概要」についてみてきたので、以下においては、改めて「量子論」の「基礎理論」とされる、「波動性の理論」「粒子性の理論」「状態の共存性の理論」「波束の収縮性の理論」および「不確定原理」について再度詳しく見ていくことにする。そのさい、はじめに念頭においておくべきことは、「量子論」には、以下のような「三つのパラドックス」があるということである。

第一のパラドックス

ミクロの世界では、電子の運動は、マクロの世界の「ニュートンの運動の法則」には従わないこと。なぜなら、マクロの世界では、物体の運動は「連続」するが、ミクロの世界では、電子の運動は「連続しない」からである。

第二のパラドックス

ミクロの世界では、「観測者の意識」(人間の心)が観測対象に変化を与えること。その意味は、マクロの世界では「観測者の意識」(人間の心)が観測対象に変化を与えることはないが、ミクロの世界では「観測者の意識」(人間の心)が観測対象に変化を与え、観測対象そのものを「変化」させたり「創造」したりすること。

第三のパラドックス

ミクロの世界は「確率の世界」で、すべてが確率的に決まる「曖昧な世界」であること。その意味は、ミクロの世界はマクロの世界の「因果律」がまったく通用しない不確定な「確率の世界」であること。

ゆえに、以上を総じていえることは、ミクロの世界では「マクロの世界の理論や法則」がまったく通用しないということである。ちなみに、そのことをアインシュタインの言葉をかりて比喩すれば、

『ミクロの世界は、神のサイコロ遊びのような曖昧な世界である』

といえようし、あるいは量子論の生みの親ともいわれるニールス・ボーアの言葉をかりていえば、

『量子論によってショックを受けない人は、量子論がわかっていない人である』

ともいえるし、電子の科学実験で有名なファインマンの言葉をかりれば、

『量子論を利用できる人は多いが、量子論を真に理解している人は一人もいない』

ともいえよう。その意味は、私見では、

「量子論は、わからないけれども真実だ、真実だけれどもわからない」

ということであろう。なぜなら、その理由を、私なりに「人間の脳」の観点に立っていえば、

私は、

「量子論が難しいのは、量子論の研究分野が、科学的に理解できる〈左脳領域〉（見える物質世界を対象）と、科学的には理解できない直観の〈右脳領域〉（見えない心の世界を対象）にまたがっていて、しかも一般には、両者は互いに二律背反の関係にある」

からであると考える。なお、この点に関して詳しくは、拙著の『私の教育論』『私の教育維新』、および『文明論』などをも参照されたい（参考文献6）。

以上のことを念頭に、以下においては「量子論の基礎理論」について順次「科学的」に解説するが、はじめに断わっておきたいことは、そのために本書において利用した量子論に関する「科学実験の図」としては、和田純夫氏監修「ニュートン別冊」の『量子論　改訂版』（参考文献7）に掲載のいくつかの図（カラー図）を、さらにイラストレーターの井上富佐夫氏によってイラスト化（モノクロ化）したものを使用させていただいた。ここにとくに記して厚く謝意を表したい。

もちろん、量子論の科学実験についての関連図としては、多くの書物に、それぞれ多くの関連図が掲載されているが、私としては、同書に掲載の関連図がもっとも的確で理解しやすいと考え、それらを使用させていただくことにした。

1　光は波動性と粒子性を持っている

前述のように、量子論が明らかにしたもっとも重要な点の一つは、

「ミクロの光は、波の性質と粒子の性質の両面を同時に持っている」

ということであった。このことを「波と粒子の二面性」、ないしは「波動性と粒子性」、あるいは「量子性」などと呼んでいるが、その意味は、

「光は波（光波、波動性）であるが、そのエネルギーはそれ以上には分割できない最小の固まり（光子、粒子性）である」

ということである。そして、その「光波のエネルギーの固まり」こそが「光子」（光量子）である。なお、ここに、

「光の波とは、ある場所での光の振動が周囲に広がりながら伝わっていく現象をいうが、その光の波は障害物があっても、その背後にまで回り込んで進むことができる」

という性質を持っている。その「回り込み」を「回折《かいせつ》」というが、これらの性質が「光の波動

性」と呼ばれるものである。それに対し、

「光の粒子（光子）は、ある瞬間には特定の一点にのみにしか存在できず、しかも直進しかできない」

という性質を持っており、これらの性質が「光の粒子性」と呼ばれるものである。

このように、「量子論」の誕生によって、はじめて、

「ミクロの世界の光は〈波と粒子の二面性〉、すなわち〈波動性と粒子性の二面性〉を同時に持っている」

という、もっとも「重要な性質」（量子性）が明らかにされた。

ところが、量子論の誕生以前の物理学（古典物理学）では、

「光は波であり、光子は粒子である」

と考えられていた。ということは、量子論の誕生によって、はじめて、

「光の持つ〈波と粒子の二面性〉という、〈光の本当の性質〉が明らかにされた」

ということである。より詳しくは、量子論の誕生によって、はじめて、

「光の波動（波）とは、そのエネルギーが空間的に連続して広がっていて（非局所化していて）、しかもその波の山と谷が互いに重なり合って干渉し合うという波動性を持つことを特徴とするのに対し、光の粒子とは、その質量やエネルギーなどが空間的に互いに隔絶していて（局所化していて）、粒子性を持つことを特徴としていることが明らかにされた」

ということである。それればかりか、さらに重要なことは、後にも詳しく述べるように、量子論によって、

「光にかぎらず、ミクロの物質（電子）もまた、光と同様に、すべてこの両方の性質（波動性と粒子性）を持っていることも明らかにされた」

ということである。このように、量子論の誕生によって、はじめて、

「ミクロの世界は、私たちが通常接しているマクロの世界とはまったく違っていて、私たちの常識がまったく通用しない摩訶不思議な世界である」

ことが鮮明にされたのである。そして、このことがまた、

「ミクロの世界を研究対象とする量子論をして、理解困難で怪しげな学問と思わせる理由の一つにもなっている」

といえよう。私たちが「量子論」を学ぶにあたり、その「学問観」（科学観）を一変しなければならない理由の一つはそこにある。

以下、このような観点に立って、これら「光の波動性」と「光の粒子性」について、改めて詳しくみていくことにする。

(1)光の波動性を検証する

周知のように、「波」とは、ある場所での振動（山と谷）が周囲に広がりながら伝わっていく

現象をいうが、今そのような波が左右（両側）から「ぶつかり合う」ことを想定すると、それらの二つの波の「山と山」とが「ぶつかり合っ」て重なった瞬間には、互いの波が強め合って振幅の大きい波になるし、一方、「山と谷」がぶつかった瞬間には、互いの波が弱め合って振幅の小さい平らな波になる。そして、このように二つの波が互いに強め合ったり、弱め合ったりする現象を「波の干渉」というが、「光」もまた「波」であるから「干渉」する。そのさい、二つの「光の波」が互いに干渉し合って、山の高さが高くなった波ほど「光は明るく」なるし、逆に二つの「光の波」が互いに打ち消し合って、山の高さが低くなった波ほど「光は暗く」なる。その「明暗」こそが、いわゆる「光の干渉縞」である。

図2-1は、このような「光の波動性」を実際に検証するために、ヤングが考案した有名な実験である。図に見るように、ヤングは光源の前方に一つのスリット（細い隙間）が開いた板をおき、さらにその前方には二つのスリットが開いた板をおき、さらにその前方には光を映し出す写真乾板のスクリーンをおいた。

そのさい、光源からの光がもしも「波」であれば、光は最初のスリットを通過したあとも「回折」を起こし前方へと広がっていく。そして、その回折を起こした光の波は、さらに次の二つのスリットの開いた板を通過したあとも、それぞれが互いに回折を起こしながら重なり合ってさらに広がっていく。そのさい、それぞれの波の「山と山」が重なり合ったところでは、波と波が互いに強め合って振幅が大きくなったところであるから「光は明るく」なるし、逆に、「山と谷」

図2-1　光の波動性の実験

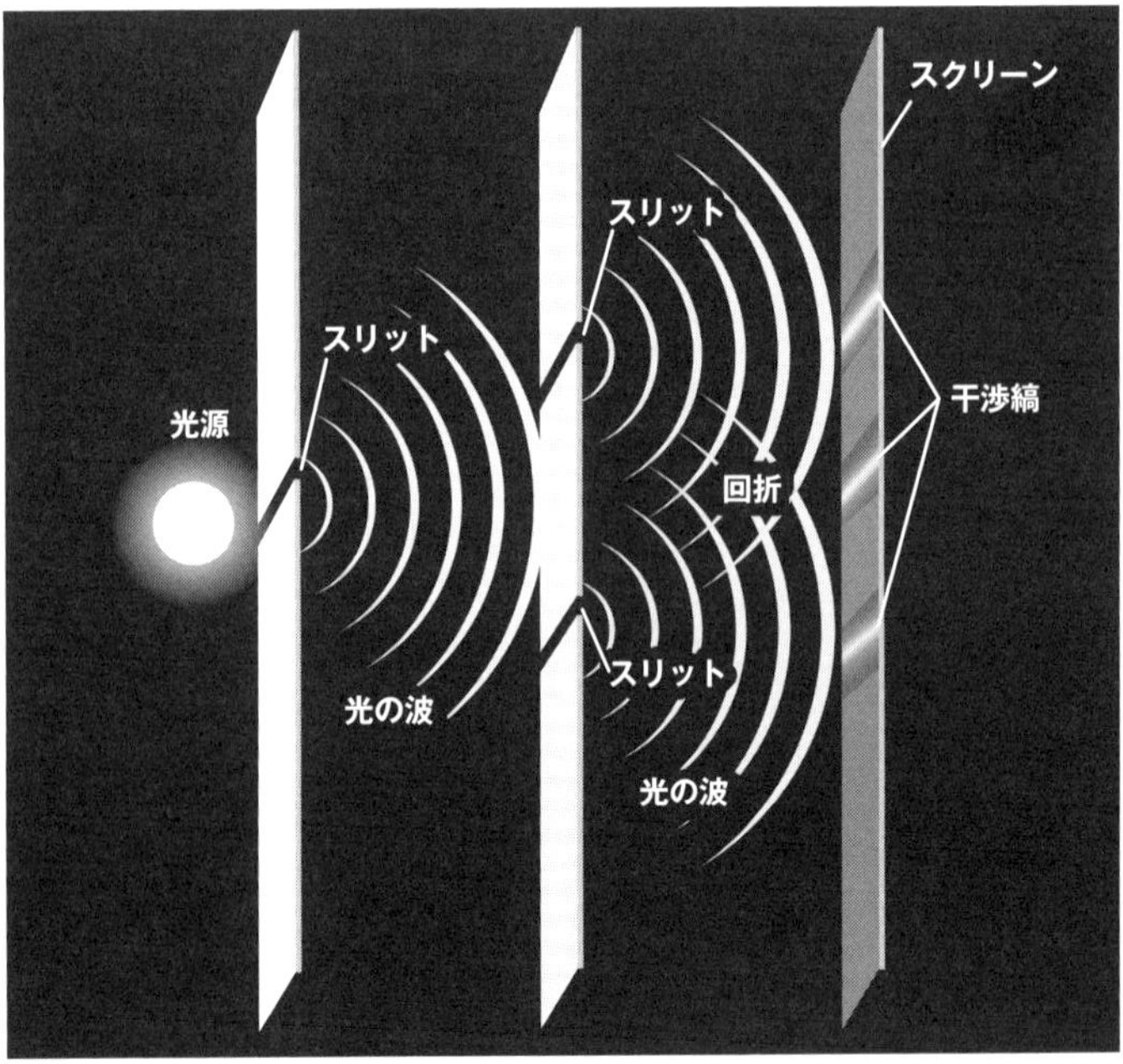

（Newton別冊『量子論　改訂版』〈和田純夫監修〉p.26を参考に作成）

が重なり合ったところでは、波と波が互いに弱め合って振幅がゼロとなったところであるから「光は暗く」なる。

このようにして、光の波が最後に映し出された写真乾板のスクリーン上では「光の明暗の縞模様」ができることになる。それが、いわゆる「光の干渉縞」である。そして、このような「光の干渉縞」は、「光が波」でないかぎり決して起こらない現象であるといえよう。そしてこれこそが有名なヤングの「波動性のスリット実験」、いわゆる「干渉縞の実験」である。

このようにして、ヤングは「光

の波動性」を科学実験によって見事に立証した。

(2) 光の粒子性を検証する

ところが、その後になって「光は単なる波ではなく、粒子でもある」ことが明らかにされた。その意味は、

「光は波動性と粒子性の二面性を持っていて、しかもそれらが共存している」

ということである。そして、そのことは先のヤングの「光の波動性の実験」によっても証明された。というのは、もしも光が「波動性」のほかに「粒子性」をも持っているとしたら、その「光の粒子」はスリットを通り抜けた先で回折を起こさずに直進し、その真っ直ぐ先のスクリーン上で「点状」に明るくなるはずであるからである。なぜなら、それは、

「光の波のエネルギーとなっているのが、ほかならぬ〈粒子〉としての〈光子〉である」

からである。そして、そのことを「電子」について証明したのが後掲の「図2-3」の「電子の粒子性の実験」である。このようにして、

「光の粒子は、ある瞬間には特定の一点にのみにしか存在できず、しかも直進しかできない」

ことが明らかにされた。

そこで、このような「光の粒子性」と「波動性」を、さらに視点を変えて「光電効果」の面からも解明したのが、量子論の父と呼ばれるマックス・プランクであった。なぜなら、彼は、

「光を粒子性（電子性）を持つ波と考えてはじめて、光電効果を説明することができる」

と考えたからである。いいかえれば、「光を粒子性を持つ波」と考えてはじめて、暗い光は波の振幅が小さく、明るい光は波の振幅が大きいから、光を暗くすると（振幅が小さくなると）、「粒子」としての「電子」はエネルギーを十分もらえなくなり「光電効果」は起きないし、逆に光を明るくすると（振幅が大きくなると）、「粒子」としての「電子」はエネルギーを十分もらえて「光電効果」は起こることになるが、その「光電効果」は、「光の波動性」ではなく、「光の粒子性」でないと説明がつかないということである。なお、ここに、

「光電効果とは、光を金属に当てると、金属の中の電子（粒子）が光からエネルギーをもらって外に飛び出す現象」

のことである。

このようにして、「光の波動性と粒子性」を、前述のヤングの「スリット実験」とは別の観点（光電効果の視点）から理論的に解明したのが、「量子論の父」と呼ばれるマックス・プランクであった。彼は、

「光は波ではあるが、そのエネルギーには、それ以上には分割できない最小の固まり（粒子、量子）がある」

と考えた。そして、その「固まり」（量子）のことを「光量子」または「光子」と呼んだ。このようにして、彼は、

「光子とは、波の性質を持ちながら、一つ二つと数えられる粒子でもあることから、光は波動性と粒子性の両方の性質を持っている」

ことを明らかにした。より詳しく述べると、プランクは、

「波としての光は、その波長が短いほど振動数が多いので、粒子としての光子のエネルギーも高くなり衝撃も強くなるから光電効果も大きいが、逆にその波長が長いほど振動数が少ないので、粒子としての光子のエネルギーも低くなり衝撃も弱くなるから光電効果も小さい。そのことから、光には波動性と粒子性の二面性があることを光電効果の面からも明らかにした」

のである。いいかえれば、

「波長の短い光の光子（粒子）はエネルギーが大きく衝撃が強いので、物質中の電子を弾《はじ》き飛ばす力が強く光電効果が大きいが、逆に波長の長い光の光子（粒子）はエネルギーが小さく衝撃が弱いので、物質中の電子を弾き飛ばす力も弱く光電効果が小さいことから、光には波動性と粒子性の二面性があることを明らかにした」

ということである。このようにして、プランクは「光電効果の面」から「光の波動性と粒子性」を科学的に（科学実験によって）見事に証明した。

以上のように、ヤングの「光の干渉縞の実験」によっても、プランクの「光電効果の実験」によっても、「光の波動性と粒子性」が立証されたのである。

それればかりか、さらにジョン・ホイーラは、前述のヤングによる「二枚のスリットの衝立を用いる実験」に代えて、図2-2に見るような「二枚の半透明鏡を用いる実験」によっても、ヤングと同様に、光の「粒子性と波動性の二面性」を立証した（参考文献8）。

しかし、私が、ここで特記しておきたい重要な点は、彼のこの実験における「本当の狙い」は、

「光の〈粒子性〉と〈波動性〉の〈二面性〉（量子性）の解明」

の外に、

「〈光〉と〈人間の心〉（意思）の〈関係〉についての解明」

にあったということである。その意味を、私なりに理解すれば、

「〈人間が自分の意思〉で、〈時間の前後を選択〉することによって、〈光〉が〈粒子〉として行動するか、〈波動〉として行動するか、〈人間の心〉と〈光の行動〉の関係の解明」

にあったということである。このことを図2-2について具体的に説明すれば、

「〈人間が自分の意思〉で、光のパルスが第一の半透明鏡のM_1を通過する〈事前〉に、検出器のD_AとD_Bの前方に第二の半透明鏡のM_2を置くか（図2-2-2）、通過した〈事後〉に遅れて（それゆえ〈遅延〉して）置くか（図2-2-1）を〈選択〉するかによって、光が〈波動〉として行動するか、〈粒子〉として行動するかを知ることにあった」

ということである。実験の結果は、

図2-2　ホイーラの遅延選択の実験

図2-2-1　粒子像の観測

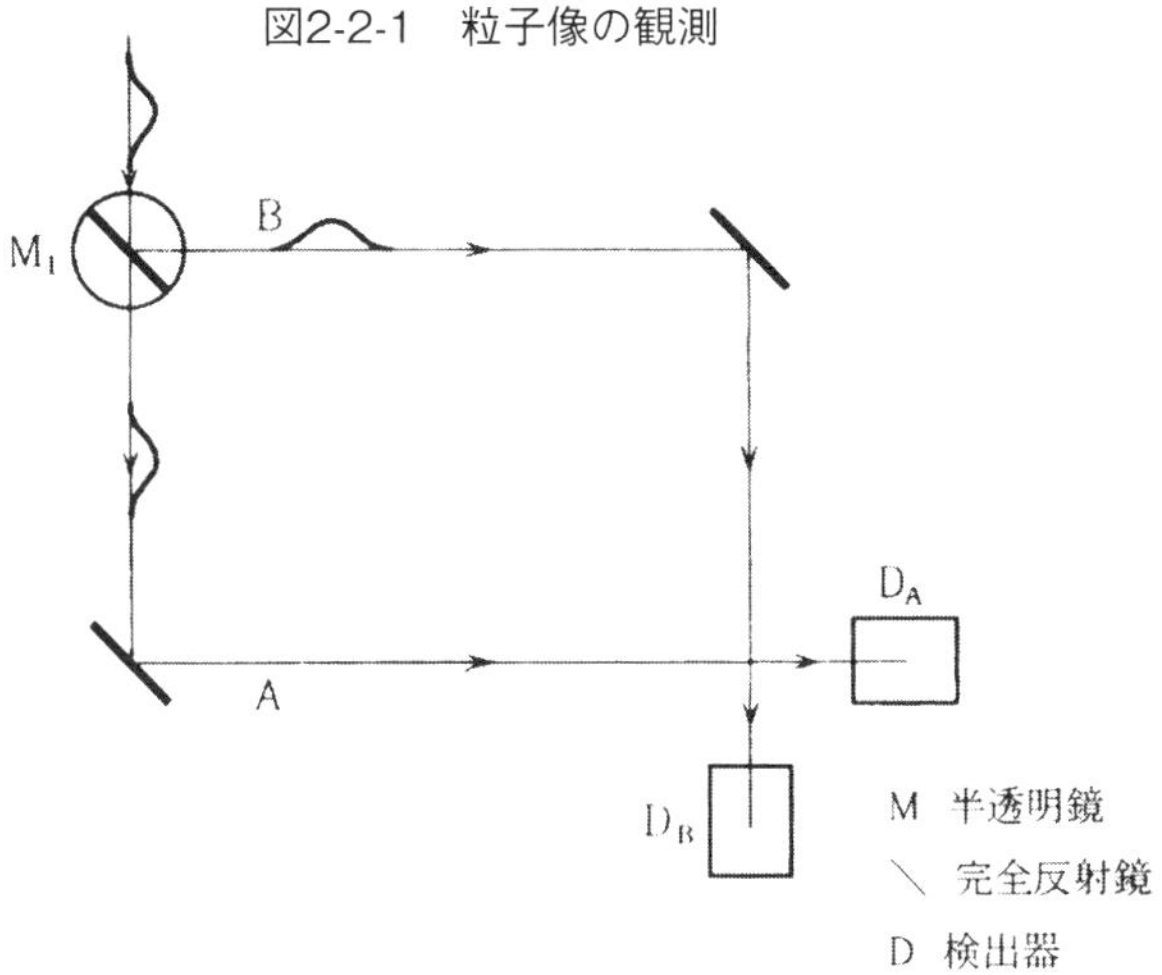

図2-2-2　波動像の観測

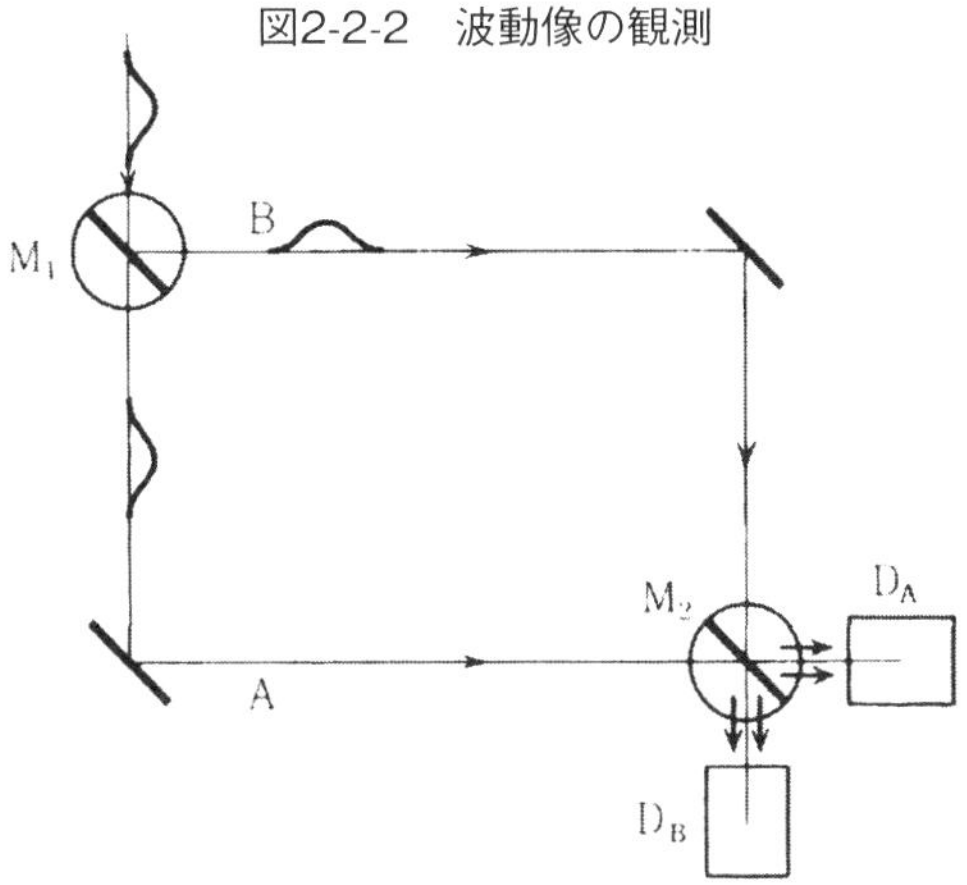

「人間が、光が第一の半透明鏡のM_1を通過する〈事前〉に、検出器のD_AとD_Bの前方に半透明鏡のM_2を置かないことを〈選択〉すれば、光は〈粒子〉となって現れるし（図2-2-1）、光が半透明鏡のM_1を通過した〈事後〉に（遅延して）検出器D_AとD_Bの前方に半透明鏡のM_2を置くことを〈選択〉すれば、光は〈波動〉となって現れる（図2-2-2）」

ということがわかった。その意味は、

「〈人間が自分の意思〉で、光がM_1を通過する〈事前〉に検出器のD_AとD_Bの前方にM_2を置かないことを選択するか、通過した〈事後〉に置くことを選択するか（それゆえ〈遅延選択〉するか）によって、前者を選択すれば光は〈粒子〉になるし、後者を選択すれば〈波動〉になる」

ということである。さらにいえば、

「光自身はM_1を通過したばかりの時点では、自分が〈後〉で〈粒子〉になるか〈波動〉になるかは知らないが、光がそのいずれになるかは〈人間の意思〉（心）による〈時間選択〉によって決まる」

ということである。それゆえ、この実験は「遅延選択の実験」と呼ばれている。とすれば、この実験の意味する重要性は、

「〈人間〉は、光が検出器に到達する〈前〉に、光が〈粒子〉として振舞っていたのか、〈波動〉として振舞っていたのかを、〈過去〉にまで遡《さかのぼ》って知ることができる」

ということでもある。さらにいえば、

「〈人間の心〉は、〈光の未来〉に対してはもちろんのこと、〈光の過去〉に対しても〈影響〉を与えることができる」

ということである。しかも、後述するように、「光」についていえることはすべて「電子」についてもいえるから、結局、

「〈人間の心〉は、〈電子の未来〉に対してはもちろんのこと、〈電子の過去〉に対しても〈影響〉を与えることができる」

ということである。とすれば、

「〈人間の心〉によって、〈電子〉は左右・上下と〈空間的〉に〈双方向〉であるばかりか、〈時間的〉にも過去・未来へと〈双方向〉であるから、電子は〈時空双方向〉である」

ということになろう。ゆえに、この「遅延選択の実験」をさらに敷衍《ふえん》すれば、

「個々の電子が持つ〈量子性〉（粒子性や波動性や状態の共存性や波束の収縮性）は、〈空間的〉には宇宙全体へ、〈時間的〉には何十億年もの過去や未来へと〈双方向〉に広がっており〈非局所性〉を有している」

ことを立証していることになろう。

そればかりか、ホイーラは自身のこの原理をより発展させて、

「宇宙（基本的には電子からなっている）は、〈時空的〉に〈宇宙規模〉で〈波動性の宇宙〉（見えない宇宙、あの世）と〈粒子性の宇宙〉（見える宇宙、この世）の〈二重性〉（共存性）からなって

いる」

と考えた。このホイーラの考えの持つ重要性を一言でいえば、彼は、「量子論の理論を〈ミクロの世界の理論〉に限定せずに、〈マクロの世界の理論〉（宇宙論）にまで拡大する道を開いた」

ということである（図4-1を参照）。

そして、この考えこそが、後に述べるヒュー・エベレットの「並行世界説」（私のいう並行多重宇宙説）の理論的根拠」ともなっている。すなわち、エベレットもまた、ホイーラと同様に、「宇宙の二重性原理」に立って、

「宇宙は〈時空的〉に〈宇宙規模〉での一種の〈二重システム〉からなっていて、実験を行う度ごとに次々と〈二つの宇宙に分岐《ぶんき》〉し、それらの宇宙が〈並行して共存〉し、そのどの宇宙にも実験者が一人ずついる」

と主張した。


なお、このような光や電子の「波動性と粒子性」に関連して、ここでもう一つ付記しておきたい重要な点は、

「人間は〈波と粒子〉の両方の側面を〈同時〉に測定することは絶対にできないから、波と粒子が混ざり合った〈量子の世界〉そのものは絶対に見ることができないが、それは技術的な面から

ではなく、この世の〈基本的制約〉の〈宇宙の相補性原理〉によるものであり如何《いかん》ともしがたい」

ということである。ゆえに、このことをさらに「あの世」と「この世」の関係にまで敷衍していえば、

「人間は、見えないあの世（波動性の世界）と見えるこの世（粒子性の世界）を〈同時〉に見ることは絶対にできないから、見えないあの世と見えるこの世が〈混ざり合った世界〉（量子性の世界）そのものは絶対に見ることができないが、それは科学面からできないのではなく、この世の〈基本的制約〉の〈宇宙の相補性原理〉によるものであり、如何ともしがたい」

ということである。さらにいえば、

「〈ミクロの見えない波動の世界〉（エネルギーの世界）が、私たち人間にとっては〈見えないあの世〉にあたり、〈マクロの見える粒子の世界〉（物質世界）が、私たち人間にとっては〈見えるこの世〉にあたるが、それらは〈表裏一体化〉し〈同化〉しているため〈同時〉に見ることは決してできないが、それはこの世の〈基本的制約〉の〈宇宙の相補性原理〉によるものであり如何ともしがたい」

ということになる。

この点については、後の「自然の二重性原理」と「自然の相補性原理」のところでも再度詳しく述べるが、いずれにしても、前述した「量子論の基礎理論」（コペンハーゲン解釈）を熟考のう

え、以下の記述を読み進めていけば、私のいう、

「〈量子論の世界〉、ちなみに〈見えない心の世界のあの世〉（死の世界）と〈見える物の世界のこの世〉（生の世界）の関係などが〈科学的〉に納得いく形で理解される」

ものと考える。

2 電子も波動性と粒子性を持っている

以上、「光の波動性と粒子性」について述べたので、次に「電子の波動性と粒子性」についても詳しく述べる。

はじめに注意しておきたい点は、「光の波」と「電子の波」とはまったく異なるということである。量子論の誕生以前の「原子のイメージ」は、「原子核の周りを電子が回っている」と考えられてきた。しかし、量子論の誕生後に明らかにされた「原子のイメージ」は、それとはまったく異なり、「原子核の周りを電子の雲が取り巻いている」と考えられるようになってきた。

それによって、「電子の波」のイメージもまったく異なるものとなった。すなわち、量子論の誕生によって、

「電子の波とは、従来のように、電子が多数集まって波になるのでもなければ、電子が波打ちながら進むのでもなく、〈一つの電子〉が〈粒子の性質〉を持つと同時に〈波の性質〉をも持って

いる」

というものとなったのである。しかも、

「その電子の波のエネルギーとなっているのが光子である」

ことも明らかにされた。

前述のように、「光」は「波の性質」と同時に「粒子の性質」を併せ持ち、しかもそれらが「共存」していることが明らかにされ〈光の波と粒子の二面性〉、それは「光量子」と呼ばれたが、現在では「光子」と呼ばれている。ゆえに、繰り返しになるが、

「光子は波でもなければ粒子でもなく、波と粒子の〈両方の性質〉を〈同時〉に持っている」

ということである。その証拠に、

「光子は〈干渉実験では波〉のように振舞い、〈光電効果の実験では粒子〉のように振舞う」

のである。このようにして、「光子」は「波動性」と「粒子性」を持っていることが明らかにされた。ということは、

「電子の波のエネルギーとなっているのが光子であるから、その光子が波動性と粒子性を持っているのであれば、電子もまた光子と同じく波動性と粒子性を持っている」

ということにもなる。しかも、このことは、図2-3および図2-4の科学実験によって明らかにされた。

まず「電子の粒子性の実験」では、図2-3に見るように、電子を発射する「電子銃」の前方

図2-3　電子の粒子性の実験

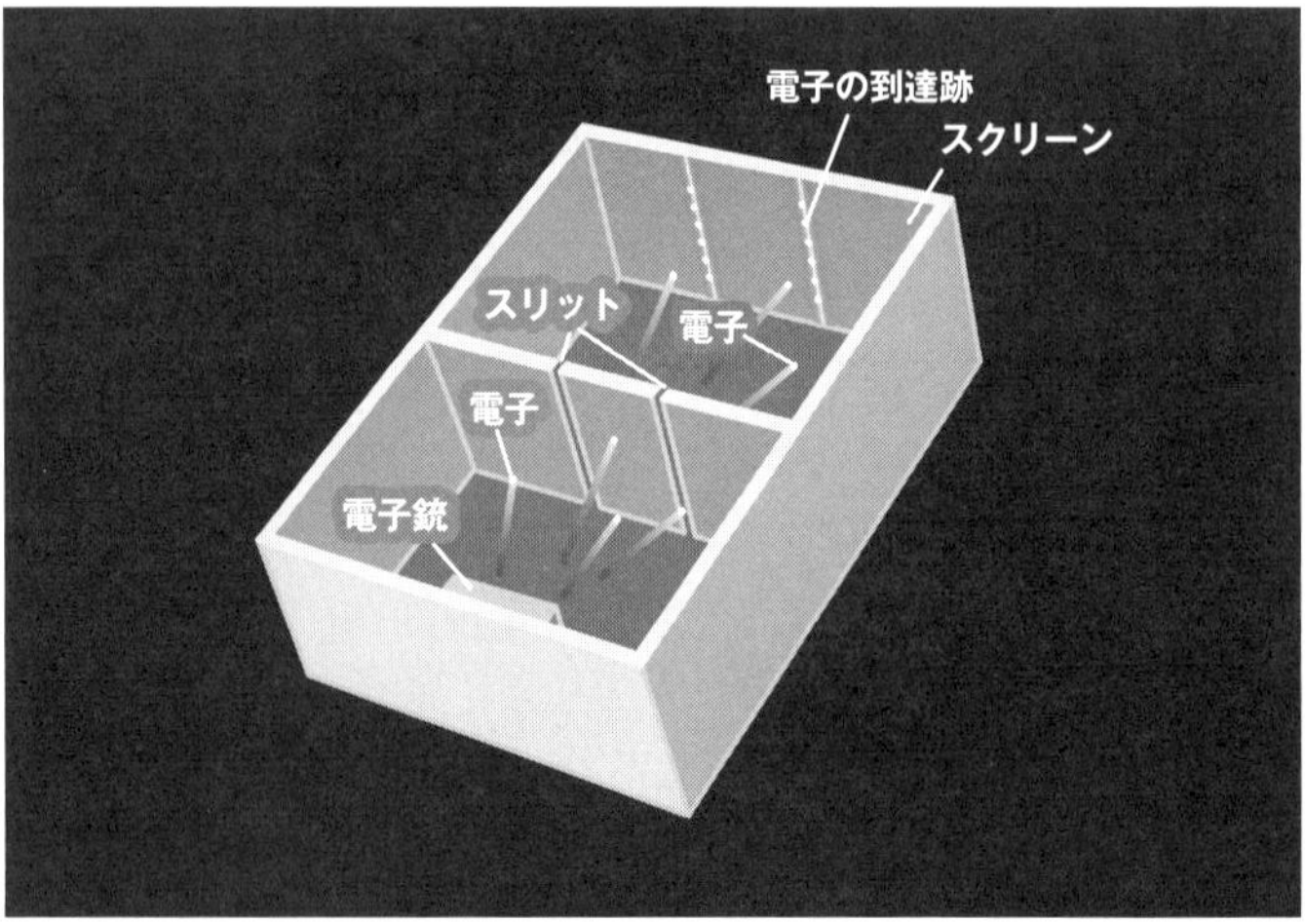

（Newton別冊『量子論　改訂版』〈和田純夫監修〉p.59を参考に作成）

に、二つのスリット（二重スリット）のある板が置かれており、さらにその板の前方にはスクリーン（写真フィルムや蛍光板など）が置かれている。そして、電子銃から電子が発射されてスクリーンにぶつかると、その跡がスクリーンに記録されるようになっている。

なお、ここに、電子銃とは、金属線に電流を流して熱すると電子が飛び出すが、その電子を電圧で加速して打ち出す装置のことである。このようにしておいて、電子銃から、電子を一つずつ発射することにする。そのさい、発射された電子が単なる「粒子」であれば、電子は「直進」するだけであるから、電子を一つずつ何度も発射すると、発射されたスリットの先のスクリーン上では、その近辺だけに「電子」が到達した「痕跡」が残ることになる。ゆえに、このような実験によって、「電子の粒子性」が立証

図2-4　電子の波動性の実験

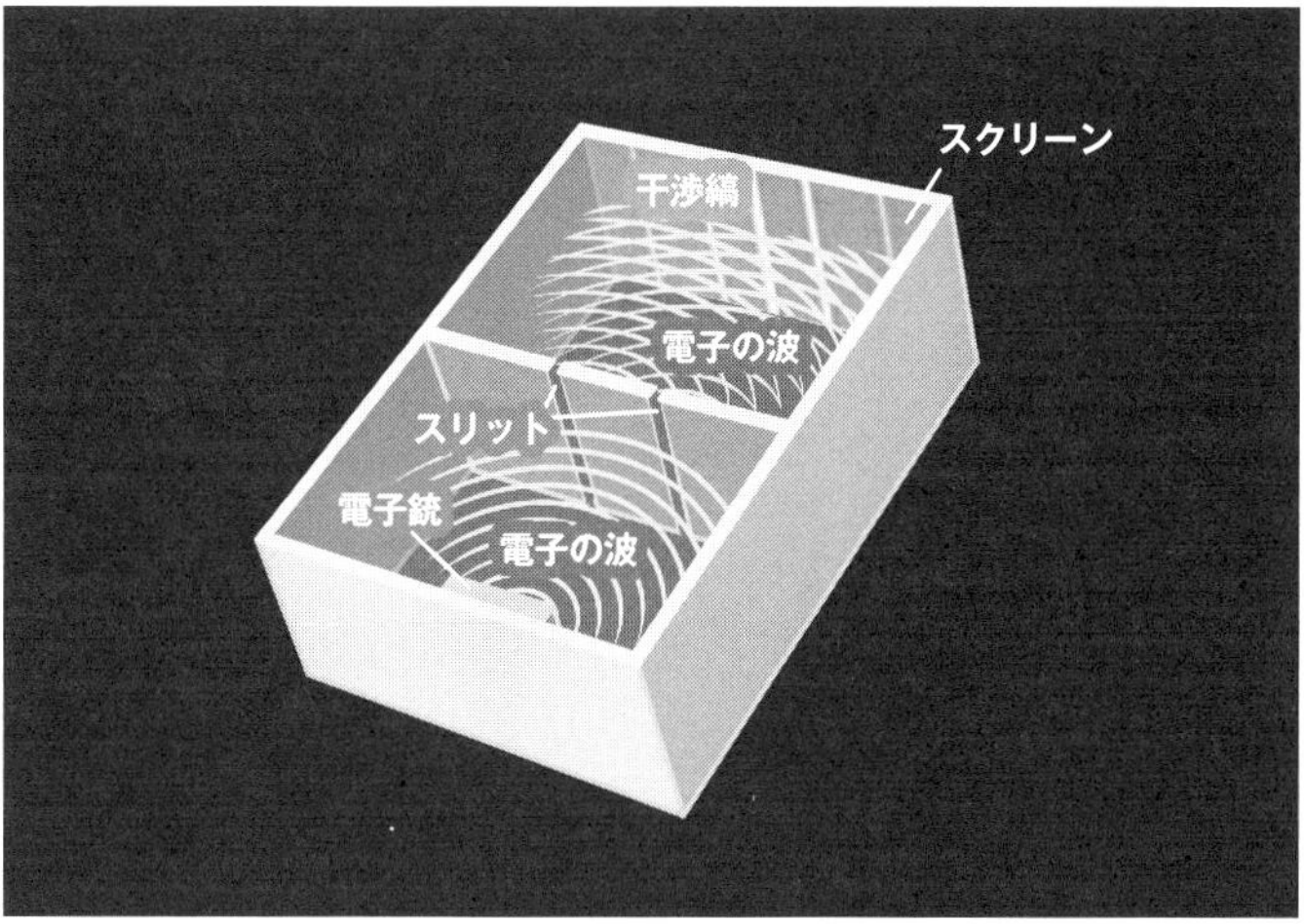

（Newton別冊『量子論　改訂版』〈和田純夫監修〉p.58を参考に作成）

されることになる。

ついで、「電子の波動性の実験」では、図2-4に見るように、電子を何度も何度も発射して実験を続けると、スクリーンの上には少しずつ「干渉縞」が見えてくるようになる。そして、十分な数の電子の発射を終えるとスクリーン上ではハッキリとした「干渉縞」が見えるようになる。すなわち、「波の性質」が現れてくることになる。ゆえに、このような実験によって、「電子の波動性」が立証されることになる。

このようにして、以上の実験を通じて明らかにされたことは、

①電子を一つだけ発射しただけではスクリーンには一つの点の跡しか残らないから、この場合は「電子は粒子の振舞い」をしていることになる。ということは、「電子は粒子性」を持っ

ていることが実証されたことになる。

②しかし、電子を何回も発射すると、今度はスクリーンには「波」に特徴的な「干渉縞」が現れてくるようになる。ということは、この場合は「電子は波の振舞い」をしていることになる。それゆえ、「電子は波動性」を持っていることが実証されたことになる。

③このように、電子はあるときは「粒子性」を持ち、あるときは「波動性」を持っていることになるから、結局、電子もまた光と同様、「粒子性」と「波動性」の二面性を持っていることが実証されたことになる。

では、そのさい重要なことは、「電子の波」とは何かということである。量子論によれば、驚くべきことに、

「電子の波とは、電子の〈発見確率〉である」

と考えられているのである。その意味は、

「電子の波とは、電子がどの位置に、どのくらいの確率で発見されるか」

ということである。しかも、

「その電子の発見確率は、その点での電子の波の振幅が大きい場所ほど高く、振幅が小さい場所ほど低い」

ということになる。その意味は、

「電子の波の山頂と谷底で電子が見つかる可能性がもっとも高く、電子の波の高さがゼロの場所で電子が見つかる可能性はもっとも低くゼロである」

ということである。では、そのような、

「電子の運動（電子の発見確率）は予測できるのか」

といえば、それは不可能であるとされている。なぜなら、

「電子の運動は、電子の発見確率であり、偶然に支配されている」

からである。量子論が「不可解」であるとされている理由の一つはここにもあるといえよう。

3　一つの電子は複数の場所に同時に存在できる（電子の状態の共存性）

以上で、「電子のもっとも重要な性質」のうちの一つの「電子の波動性と粒子性」について明らかにしたので、ついで、もう一つの重要な性質である「電子の状態の共存性」についても述べる。ここに、

「〈電子の状態の共存性〉とは、〈一つの電子〉は〈複数の状態〉を〈同時にとる〉ことができる」

という性質である。いいかえれば、

「〈電子の状態の共存性〉とは、〈一つの電子〉が〈同時〉に〈複数の場所に共存〉できる」

という性質である。量子論では、このことを「状態の重ね合わせ」とも呼んでいるが、これも量子論の解き明かした電子の「不思議な現象」の一つというほかない。この不思議な現象を次の図2-5の仮想実験の例で説明すれば、いま電子が入った仮想的な箱の図2-5（A）を考える。

この段階では、一つの電子はこの箱の中のどこにあるかはわからない。なぜなら、

「一つの電子は〈粒子〉であると同時に〈波〉でもあるから、〈同時〉に〈複数の場所〉に〈共存〉できる」

からである。

そこで、次に図2-5（B）に見るように、その箱の真ん中に衝立を立てて箱を二つに仕切ると、この場合も不思議なことに、

「一つの電子は左右の複数の場所に同時に存在する（共存する）ことができる（状態の共存性）」

のである。なぜなら、この場合も、

「一つの電子は〈粒子〉であると同時に〈波〉でもある」

からである。ただし、そのさい「同時に存在する」（共存する）という表現にはとくに注意を要する。なぜなら、それは、

「一つの電子が同時に複数個に増えて共存したのではなく、〈波であった一つの電子〉が〈同時に複数の場所〉に〈共存〉している」

ということであるからである。

図2-5　電子の状態の共存性の実験

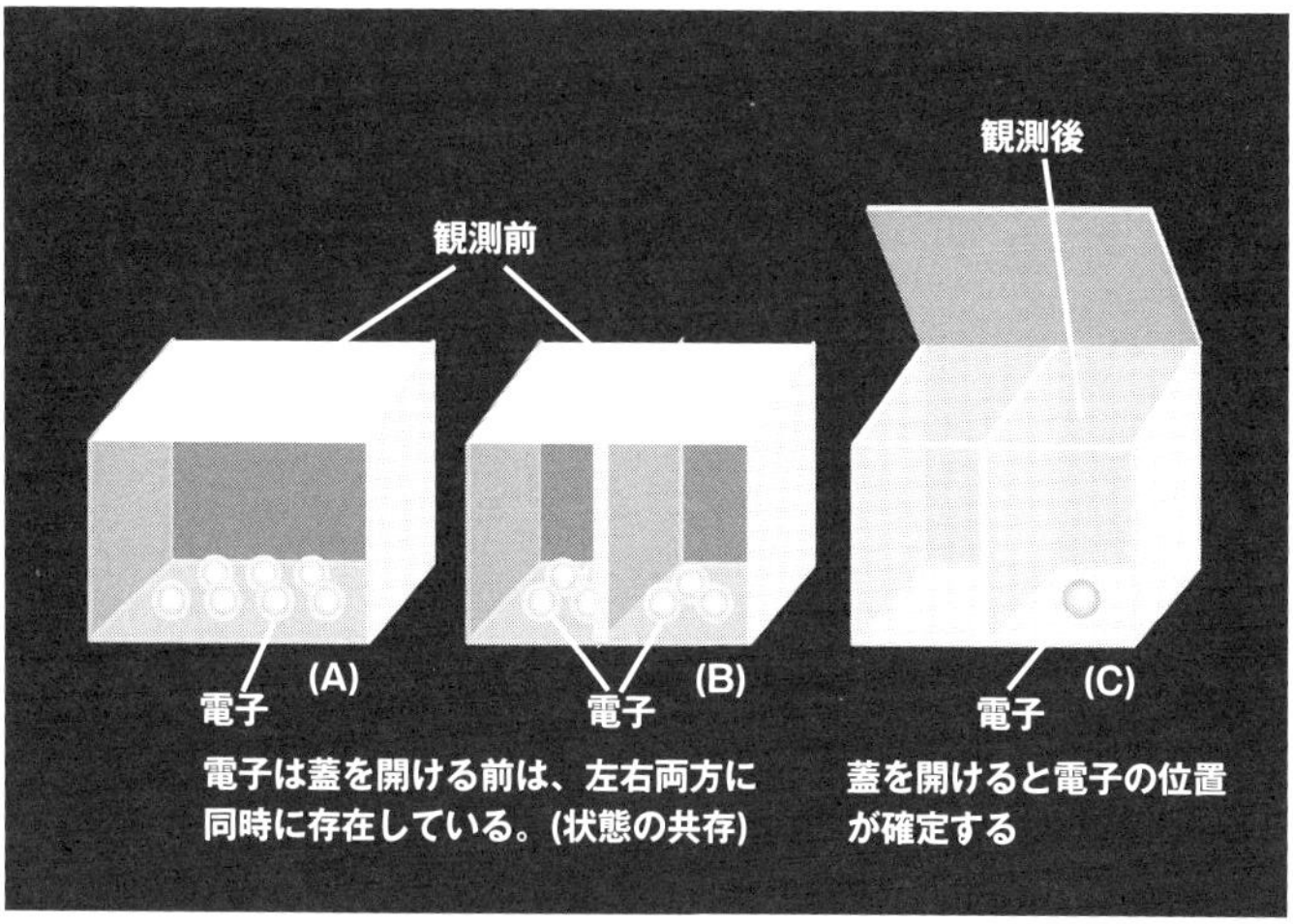

（Newton別冊『量子論　改訂版』〈和田純夫監修〉p.56を参考に作成）

そればかりか、さらに不思議なことは、図2-5（C）に見るように、

「観測者（人間）が、電子が共存しているはずの箱（B）の蓋を開けて、電子がどこにあるかを観測した〈瞬間〉に、〈複数個共存していた電子〉が（状態の共存性）、ただの〈一個の電子〉になって（箱C）、どちら側にあるかが確定する（それこそが、この後に述べる波束の収縮性）」

ということである。その意味は、

「箱の中の電子が、観測後に右側にあることがわかったとしても、それは電子がもともと右側にあったということではなく、波でもある一つの電子が左右両方に複数個共存していた状態が（状態の共存性）、観測者の観測によって、この場合は右側に存在する状態に瞬間に変化した（波束の収縮性）」

ということである。そして、このような「電子の不思議な性質」こそが、「電子の〈状態の共存性〉および〈波束の収縮性〉と呼ばれるもので、量子論にとって〈波動性〉や〈粒子性〉と同様に〈基本的重要理論〉である」

ということである。

4 電子の波は観測すると瞬間に一点に縮む（電子の波束の収縮性）

この「波束の収縮性」で特記すべき重要な点は、前述の「電子の状態の共存性」でも述べたように、

「複数個共存していた電子が（状態の共存性）、人間が観測すると、なぜ瞬間的に一つになるのか（波束の収縮性）」

ということである。さらにいえば、

「ミクロの世界では、〈人間が観測〉すること自体が、なぜ〈波束の収縮〉を引き起こし、〈電子の共存状態に変化〉を与えるのか」

ということである。このことを、まず図2‐6‐Aについて説明すれば、

「電子の波はスクリーンに到達する直前までは、スクリーン上に一杯に広がっていたはずなのに、〈人間が観測〉すると、なぜ〈瞬間〉に〈収縮〉して広がりのない〈一点〉にしか痕跡を残

図2-6-A　電子の波束の収縮性の実験

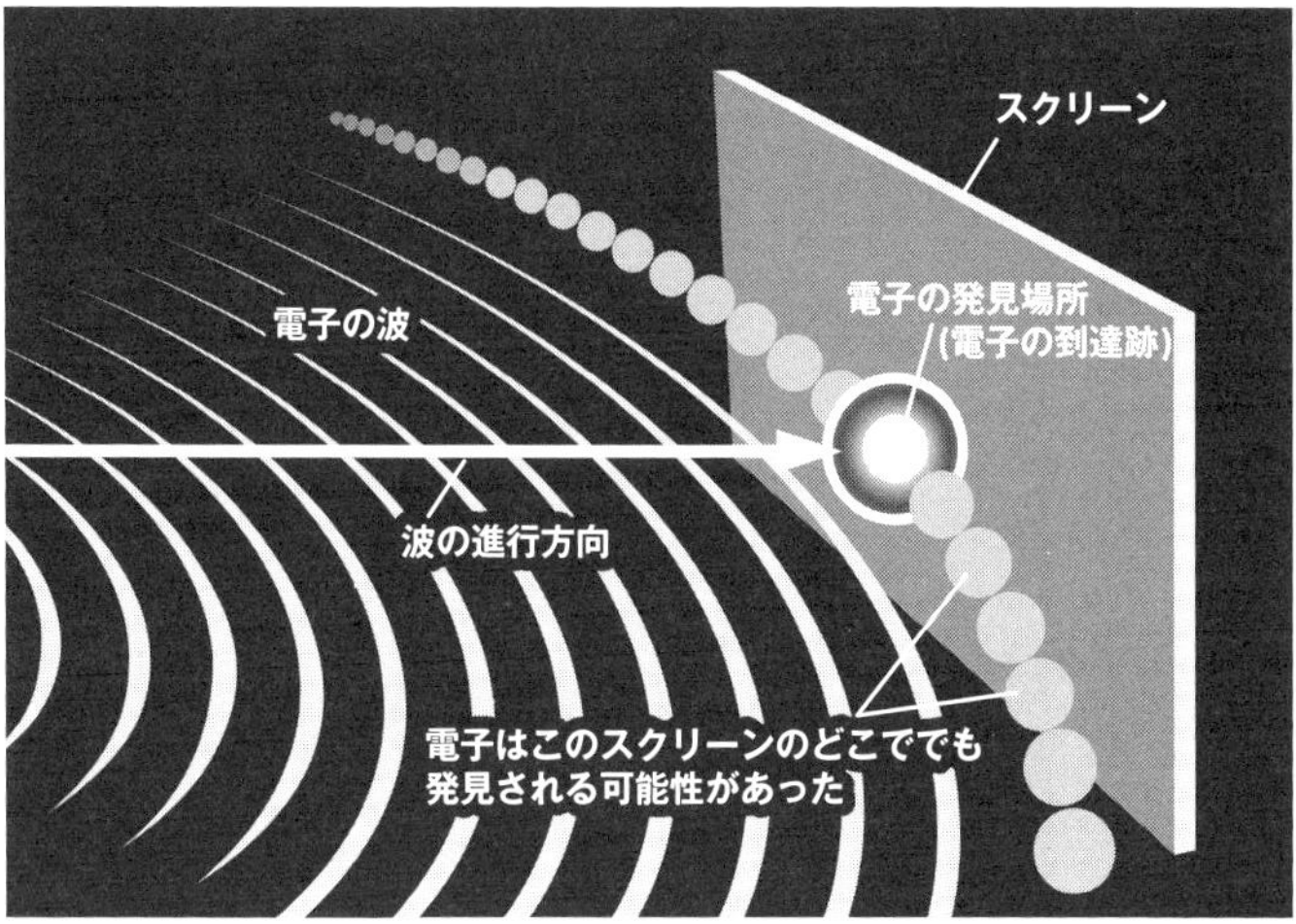

（Newton別冊『量子論　改訂版』〈和田純夫監修〉p.64を参考に作成）

さないのか」

　ということである。

　ついで、同じことを視点をかえて図2―6―Bによっても説明すれば、

「人間が観測するまでは、電子は波としてスクリーンの上に一杯に広がっていたはずなのに（図2―6―B―1を参照）、それを〈人間が観測〉した〈瞬間〉に、その波は収縮して〈一点〉〈針状〉となり、事実上、〈一つの粒子〉にしか見えなくなった（図2―6―B―2を参照）」

　ということである。いいかえれば、

「電子の波は〈発見確率〉に関係しているから、その波を〈人間が観測〉した〈瞬間〉に、波は〈発見確率一〇〇％〉の幅のない〈針状の波〉となって、〈一点〉のみでしか発見（観測）されない」

　ということである。その意味は、

「見えない波の性質を持つミクロの電子が、見えるマクロの物体の人間と触れ合うと、その瞬間に見えない電子の波の性質は失われ、見える物質としての電子の一点に収縮する」

ということである。つまり、

「見えない〈ミクロの電子の波〉は、見える〈マクロの人間〉と〈相互作用〉すると、〈見える一点に収縮〉する」

のである。その意味は、

「〈人間の観測〉という行為によって、ミクロな電子がマクロな人間と〈相互作用〉することになり、観測された状態以外の状態が〈消えて〉なくなる」

ということである。いいかえれば、

「〈人間が観測〉するという行為で、〈見えない電子の波〉は〈一点〉に収縮し、〈見える粒子の姿〉しか現さない」

ということである。このようにして、結局、

「人間が観測することによって、電子の波は針状の成分だけを残して消え失せる」

ということになる。以上が、「波束の収縮性」についての説明である。

とすれば、「波束の収縮性」とは、つまり、

「〈見えない存在〉は、〈人間が見た〉とき、はじめて〈見える存在〉〈実在〉になる」

ということである。ちなみに、このことを「宝くじ」を例にとって比喩《ひゆ》すれば、

図2-6-B　電子の波束の収縮性の実験

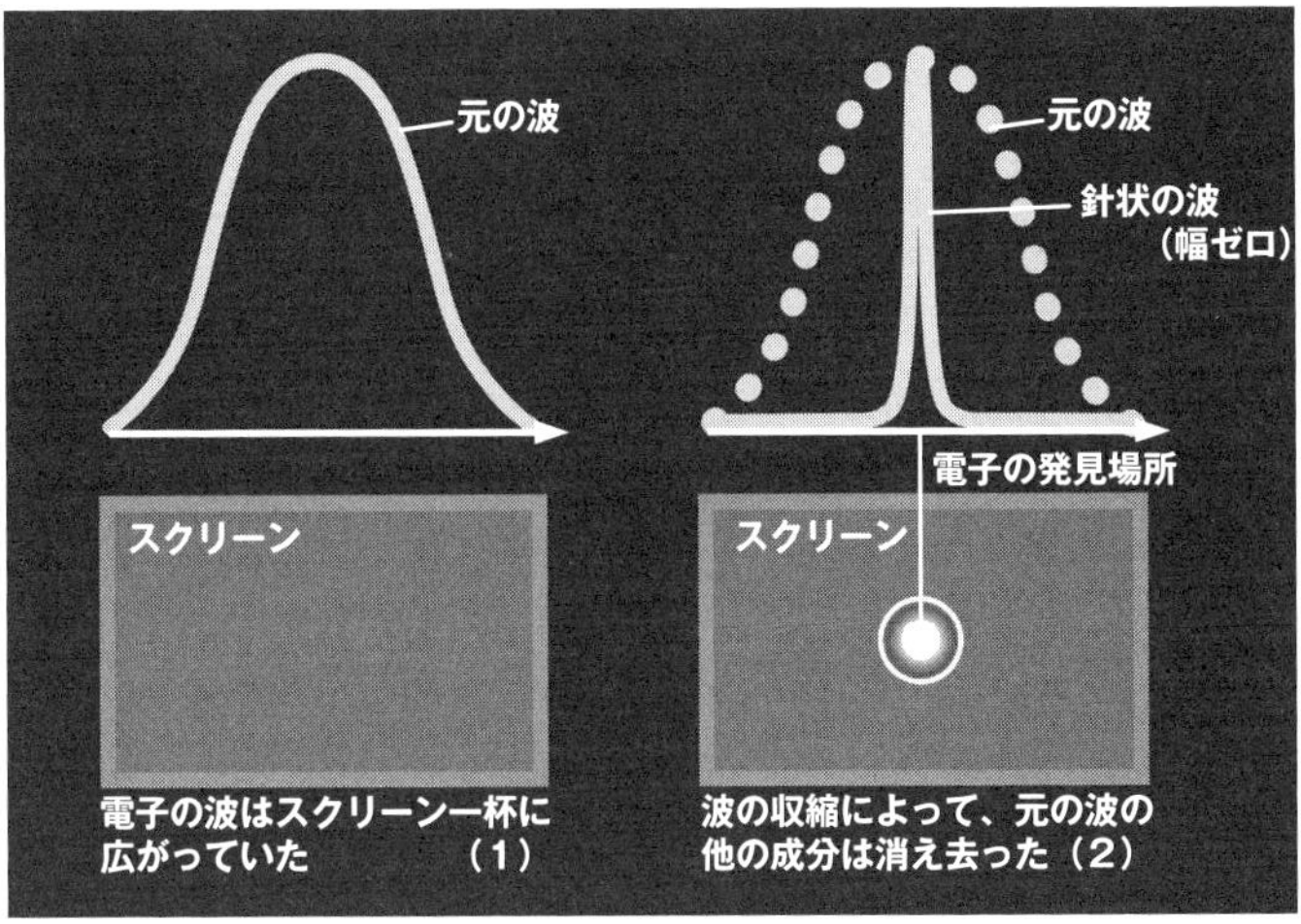

(Newton別冊『量子論　改訂版』〈和田純夫監修〉p.65を参考に作成)

「宝くじは、当たる前までは(当選券を見る前までは)、誰にとっても確率的であるが、当選の瞬間に(当選券を見た瞬間に)、当たった人の確率のみが一〇〇%になり、当たらなかった人の確率はゼロ%になる」

のと同じである。そして、この「波束の収縮性」をもっともよく「象徴」している比喩が、先にも述べた、

「誰も見ていない月は存在しないが、人が見たときはじめて存在する」

であろう。あるいは、

「月は人が見ているときにしか存在しない」

であろう。

以上が、「状態の共存性」と「波束の収縮性」の意味であるが、そのことを「箱の中の猫の生死」について比喩したのが、有名なエルヴィ

ン・シュレディンガーの「猫の生死の思考実験」、いわゆる「シュレディンガーの猫のパラドックス」である。このパラドックスについては後に詳しく述べるが、この思考実験というのは、「箱の中には、生きている猫と、死んでいる猫とが共存していて（それゆえ、生死の状態の共存、生死の重ね合わせの状態）、人間が蓋を開けて中の猫を観察した瞬間に、猫の生死が決まる（それゆえ、波束の収縮が起こる）」

というものである。この実験についてフォン・ノイマンは、

『観察結果が人間の意識に上がった瞬間に、猫の生死（状態の共存：著者注）がどちらかの一つに決まる（波束の収縮：著者注）』

と主張した（参考文献9）。

ノイマンは「二〇世紀最高の数学者」として有名である。また彼は、「コンピュータの原理」の産みの親としても名高い。今日のコンピュータはすべて彼の考案した「フォン・ノイマン型コンピュータ」になっている。彼は、その他にも「ゲームの理論」や「カタストロフィーの理論」や「線形計画の理論」など、心理学や政治学や経済学などの多方面の分野でも大きな業績を残し、「人類の進歩に多大な貢献をした万能型（学際型）の天才」と呼ばれている。そのフォン・ノイマンは一九三二年に『量子力学の数学的基礎』という書物を著したが、その中で、彼は、『コペンハーゲン解釈の基本理論の一つである波束の収縮は、数学的には証明できない』

といった。その意味は、

「シュレディンガーの波動関数（後述）を検討した結果、この方程式からは波束の収縮現象は数学的には導けない」

ということである。いいかえれば、

「量子論のコペンハーゲン解釈にいう、波束の収縮は数学的には起きない」

ということである。ところが、現実には、

「波束の収縮は、マクロの観測装置において実際に起こることが実験で立証されている」

ことも事実である。そこで、ノイマンは、

『波束の収縮は、観測装置を準備した人間の意識（心）の中で起こる』

と結論づけた。その意味を、再び電子の観測についていえば、

「人間が電子を観測したと〈意識〉した〈瞬間〉に〈波束の収縮〉が起こり、〈電子の波〉が〈粒子〉に変わる」

ということである。ただし、このノイマンの主張は現在のところほぼ否定されているという。なぜなら私見では、それは多くの物理学者が、いまなお、

「波束の収縮が起こるとすれば、それは〈人間の意識〉の中ではなく、実験装置などの〈物理現象〉の中で起こる」

と信じているからであろう。しかし、私は、

「そのような考えこそは、依然として、デカルト以来の〈西洋科学の鉄則〉とする、物質世界と

心の世界を峻別《しゅんべつ》し、そのうちの見える世界の物質世界の〈物理現象〉のみを信じる〈物心二元論の科学観〉からきているのではなかろうか」

と問いたい。そうではなく、私は、

「波束の収縮が〈実験室〉でも実際に起こるとすれば、そのような物理現象は、電子の性質を知ろうと〈実験計画〉を〈立案〉した〈人間の意識〉がないかぎり、絶対に起きない（見られない）現象であるはずであるから、結局、〈波束の収縮〉は単なる物理現象ではなく、ノイマンの主張するように、〈人間の意識・心〉の中で起こる〈現象〉である」

と考える。同じことは、先の「遅延選択の実験」についてもいえよう。なぜなら、

「万物を構成するミクロの世界の電子は、私たちの体の外だけではなく、私たちの体の中にもあるから（電子の非局所性）、私たち〈人間の心〉はそのような非局所的な〈電子の心〉を通じて〈万物の心〉にも影響を与えるからであり、しかもミクロの世界の電子の行動は、マクロの世界の人間が〈観測するまで〉は〈確率的〉であるが、人間が〈観測〉すればその〈瞬間〉に〈確定〉する（波束の収縮性）」

からである。つまり、その意味は、

「人間と万物は〈電子の心〉を通じてつながっており〈以心伝心〉である」

ということである。

ゆえに、以上を総じて、私見をいえば、

「〈人間の心〉を抜きにしては、もはや〈量子論の本質〉（コペンハーゲン解釈）は語れない」ということである。それこそが先にも述べた「量子論的唯我論」である。このようにして、結局、私は、

「量子論こそは〈人間の心〉を問う〈従来の学問の域を超え〉る〈純粋な学問〉であるから、それに依拠する〈心の書〉としての本書もまた、〈人間の心〉を問う〈従来の学問の域を超え〉る〈純粋な学問〉である」

と考える。それゆえにこそ、私が、本書の書名をして、

『量子論から解き明かす「心の世界」と「あの世」』

とする所以《ゆえん》である。

以上が「波束の収縮性原理」についての私見であるが、この原理の重要性にかんがみ、以下においてはさらに説明を追記しておく。私たちは、通常、

「人間が見ている自然には山や海や川があり、それらは人間が見ていようが見ていまいが、何も変化せずに常に存在している」

と考えている。ところが、ノイマンによれば、それは「完全な錯覚」であるという。すなわち、彼は、

『人間が見ているこの世の存在の状態は、それとは別の場所のあの世での存在の状態との重ね合

わせの状態〈状態の共存性：著者注〉になっていて、私たちがそれを見た瞬間に、その共存状態の中のどちらか一つに決まる〈波束の収縮性：著者注〉』

という。しかも、この考えこそが後に述べる「多重宇宙説」の「理論的根拠」となっているともいえよう。その意味は、

「人間が〈観察〉するという〈意識〉〈心〉がなければ、多重宇宙の一つである〈この世〉は存在しないが、人間が〈観察〉しようとする〈意識〉によって、はじめて〈客観的な存在〉としての〈この世〉が存在する」

ということである。その真意は、

「この世は、私たちの意識〈心〉とは無関係に形成されているのではなく、私たち〈人間の意識〉〈心〉そのものが、実はこの世を〈創り出し〉ている」

ということである。さらにいえば、

「〈人間の意識〉〈心〉こそが、本当は〈多くの宇宙〉と深く関わっていて、その人間の意識が〈この世を創り出し〉ている」

ということである。あるいは見方をかえれば、

「現実的な〈マクロレベル〉から見れば、実質があって信頼していた〈マクロのこの世〉が、〈ミクロレベル〉から見れば、実は実質を持たない〈人間の意識の世界〉〈心の世界〉そのものである」

ということである。その意味は、

「マクロの世界に住む私たちは、〈実像のこの世〉に生きているかのように思っているが、ミクロの世界のあの世（心の世界）から見れば、本当は〈虚像の意識の世界〉に生きているにすぎない」

ということである。それこそが、

「量子論が教えてくれた〈見えるこの世と、見えないあの世の真の姿〉（相補性原理）である」

といえよう。

5　電子の状態は曖昧である（電子の不確定性原理）

以上で、「量子論の基本理論」のうちの電子の「波動性の理論」「粒子性の理論」「状態の共存性の理論」、および「波束の収縮性の理論」などについてみてきたので、最後にもう一つの基本理論である電子の「不確定性原理」についてもみておこう。

すでに明らかにしたように、ミクロの世界は「不思議な世界」で、電子の「位置」も「運動」も曖昧である。このことを図2-7について説明すれば、同図の（A）に見るように、幅の広いスリットの場合には、電子がスリットを通過する瞬間、電子の波はスリットと同じ広い幅を持ち、その幅のどこで電子が発見されるかはわからない。ということは、この場合は、電子の「位置の不確かさ」は「大きい」ことになる。

しかし、電子の波はスリットの先ではほぼ直進するので、スリットを通過する瞬間の電子は、ほぼ真っすぐに右向きに運動しており、この場合は、「運動方向の不確かさ」は「小さい」ことになる。

これに対し、同図の（B）に見るように、スリットの幅が狭い場合には、その狭いスリットを電子が通過する瞬間には、電子の「位置の不確かさ」は「小さい」が、電子の波がスリットを通過した後では、電子の波は大きく広がるので、電子の「運動方向の不確かさ」は「大きい」ことになる。

これからわかるように、この実験の意味は、

「電子の運動の方向を正確に決めれば、電子の位置の不確かさが大きくなるし、逆に電子の位置を正確に決めれば、電子の運動の方向の不確かさが大きくなる」

ということである。とすれば、

「ミクロの世界では、電子の位置と運動方向の両方を同時に正確に決めることは不可能である」

ということになる。その意味は、

「ミクロの世界では、位置も運動の方向も不確定である」

ということになる。ただし、ここで誤解なきようにいっておきたいことは、この実験の意味するところは、

図2-7　電子の不確定性原理の実験

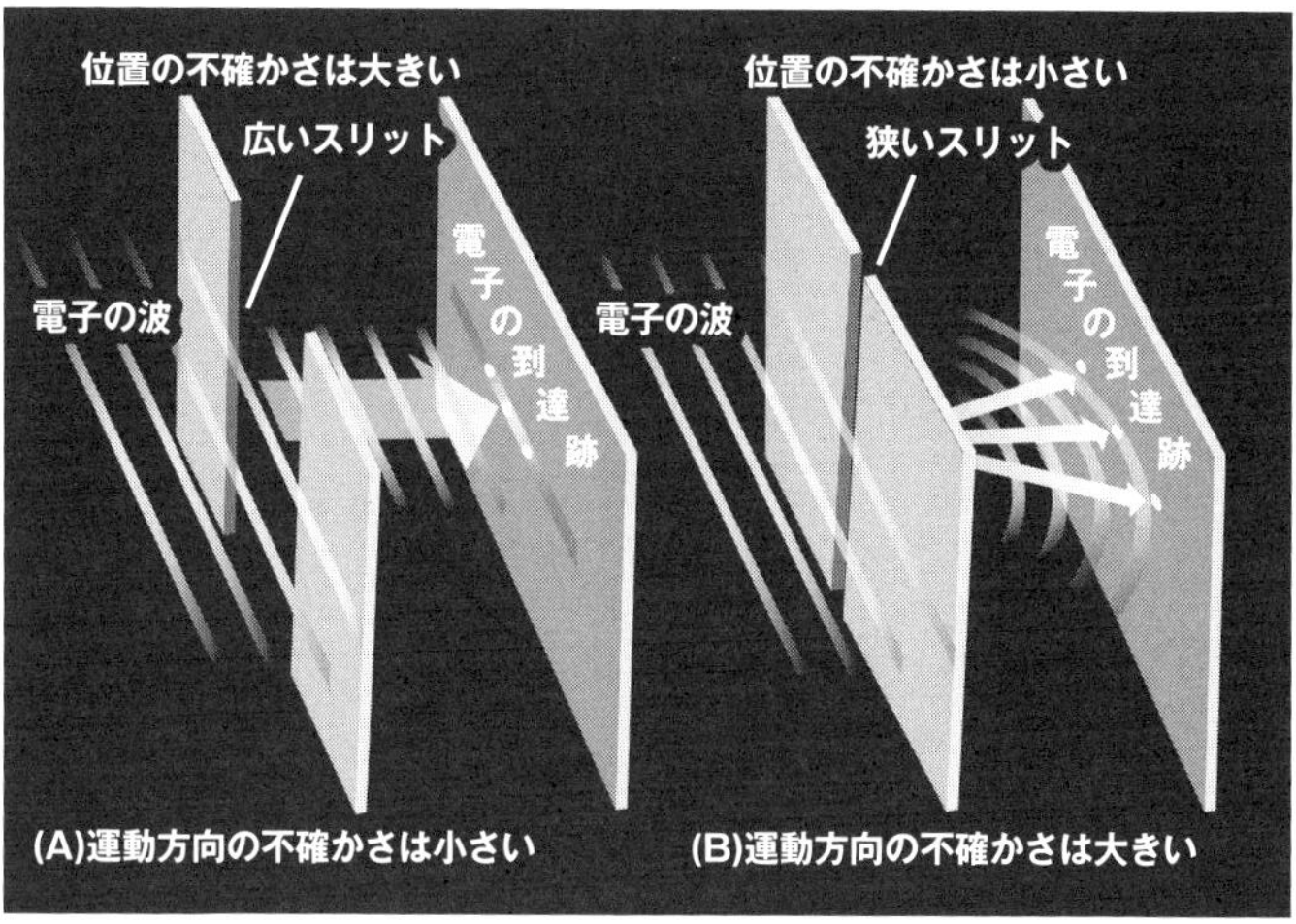

（Newton別冊『量子論　改訂版』〈和田純夫監修〉p.81を参考に作成）

「ミクロの物質の位置と運動方向、あるいは、その速度と運動量は、それらを〈同時に誤差なく測定〉することは〈不可能〉であるということではなく、ミクロの物質はつねに〈曖昧な位置〉にいて、〈曖昧な速さ〉で運動しているので、その〈位置も速度も曖昧〉で、〈両者を同時に正確に測定〉することはできない（不確定である）」

ということである。いいかえれば、

「ミクロの物質は、その位置も速度も曖昧で、ある時間における位置も速度もただ一つには決まっていない」

ということである。なぜなら、それは前述のように、

「ミクロの物質は〈波としての性質〉（波動性）を強く現す」

からである。

以上が、いわゆるウェルナー・ハイゼンベルクの「不確定性原理」と呼ばれるものである。しかも、

「この不確定性原理は、ミクロの物質が持つ本質的な不確かさを示唆《しさ》するものであり、量子論が発見した理論の中でも、もっとも衝撃的なものの一つとされており、この不確定性原理の誕生によって、量子論はその体系を一通り完成させた」

といわれている。そして、そこで明らかにされたことはといえば、

「ミクロの自然は本質的に不確定であり、そこでは古典物理学の決定論はまったく通用しないが、それは人間のミクロの自然に対する知識が足りないのではなく、ミクロの自然は本質的に不確定であるからである」

ということである。それと、もう一つ注意しておきたい点は、

「量子論の不確定性原理にいう不確定とは、多くの状態はすでに決まっているのに、人間にはそれを知ることができないから不確定である」

というのではなく、本当の意味は、

「量子論の不確定性原理にいう不確定とは、多くの状態はすでに決まっているのに、〈人間の意識〉（心）が実際にその中のどの状態を観察するかを〈決められない〉から〈不確定〉である」

ということである。このようにして、結局、

「量子論とは、さまざまな状態が電子として共存しているとする考えと（状態の共存性）、その共

存している電子の状態が曖昧であるとする考え（不確定性原理）に立つミクロの自然の理論であるから、マクロの自然の現実世界から見れば、不可解で不思議な世界に映る」

ということである。そして、このことがまた、量子論をして「不可解な理論」といわしめる「もっとも大きな理由」の一つともなっている。とはいえ、「マクロの世界の万物は、その基をたどればすべてミクロの世界の原子（素粒子）からできているから、マクロの世界のこの世もまた何らかの形で、不可解（不確定）なミクロの世界のあの世の影響を受けている」

のである。

以上を要すれば、「ミクロの世界」はすべてが「予測不可能」で「不確定」であるということである。その証拠に、一個の電子は私たちが見ていないときは、「波」になっていて、どこにいるか一箇所には決まっていないが（状態の共存性原理）、私たちが見た瞬間に、電子は「粒子」となって、どこにいるか一箇所で見つかる（波束の収縮性原理）。とはいえ、その電子が見つかる位置は「出鱈目《でたらめ》」で予想がつかない（不確定性原理）。そして、量子論では、それらの原理を総じて「コペンハーゲン解釈」と呼んでいる。その意味は、

「ミクロの世界には、人間が考えるような、〈未来は一つに決まる〉という〈決定論的な法則〉はなに一つなく、〈未来は不確定的で複数ある〉というのが、〈ミクロの世界の法則〉の〈コペン

ハーゲン解釈〉である」

　ということである。そして、このような「コペンハーゲン解釈」こそが、前述のように、アインシュタインをして、

「神は、サイコロ遊び（出鱈目《でたらめ》）をなさるのか」

と揶揄《やゆ》させた所以《ゆえん》でもある。

　そこで、以下、この揶揄についてさらに追記すれば、アインシュタインは、このような「コペンハーゲン解釈」に対しては、どうしても納得できなかったといわれている。そのため、彼は、その「コペンハーゲン解釈」を出鱈目な「サイコロ遊び」に例《たと》えて揶揄し、ボーアに対し、

「私には、神がサイコロ遊びをなさるとはどうしても信じられない」

と批判したという。それに対し、ボーアはアインシュタインに、

「神がサイコロ遊びをなさらないと、どうしてあなたはわかるのですか」

と反駁《はんばく》したといわれている。そして、結局、その「論争の軍配」はボーアに上がったという。

　そこで、この論争に関連して、あえて私見を付記すれば、私は、

「量子論の追求すべき〈真の目的〉（究極の課題）は、そのような〈神のサイコロ遊び〉の有無ではなく、〈神そのものの存在の有無〉、それゆえ〈神そのものの存在証明〉と、その〈神の心の何たるかの解明〉、それゆえ、総じて〈心の世界〉の解明にあるのではなかろうか」

と問いたい。そして、それこそが私が本書の課題をして「量子論による心の世界の解明」とす

る所以である。

6　人間の心こそが、この世を創造する（量子論的唯我論）

以上で「電子の不思議な性質」である「波動性と粒子性」「状態の共存性」「波束の収縮性」および「不確定性」などの、総じて「コペンハーゲン解釈」と呼ばれる「量子論の主要理論」について詳しく述べたが、ここで改めて、その「コペンハーゲン解釈の意義」についてもみておこう。

ここに、「コペンハーゲン解釈」とは、一九二七年に世界の著名な物理学者たちが、ベルギーのブリュッセルに集まり、「第五回ソルヴェー会議」が開催されたさいに、「〈量子論の解釈に関する結論〉として出されたものであり、それは量子論が〈科学体系として定式化〉された最初のものであるばかりか、それが後に現代物理学史上に〈金字塔として燦然《さんぜん》〉と輝くことになった意義深い声明であった」

といえよう。なお、この「コペンハーゲン解釈」なる呼称は、「コペンハーゲン解釈の中心人物」と呼ばれたニールス・ボーアが、量子論を確立したデンマークの首都の名の「コペンハーゲン」に因《ちな》んで命名されたものとされているが、ボーアはその会議の席上で、

『この世の万物は、観察されて初めて実在するようになり、しかもその実在性そのものが観察者

の意識に依存する〈量子論的唯我論：著者注〉』

と主張した。もちろん、そのボーアの考えの根底にあるのは、

「古典物理学が踏襲《とうしゅう》してきた、まず理論ありきではなく、まず現象ありきを優先し、なぜ起きているのかを科学的に考えるよりも、まず〈現実に起きている事象〉を〈科学として認め〉る」

というものであった。そして、このようなボーアの主張する、

「〈コペンハーゲン解釈〉こそが、これまでの〈科学の全体系〉を根底から引っくり返す〈科学史上もっとも重要な声明〉の一つとなった」

のである。とすれば、それこそが、

「コペンハーゲン解釈の〈真の意義〉」

であり、それゆえこの年（一九二七年）こそが、

「量子論の〈本当の誕生日〉」

にあたるといえよう。

ところが、彼が「コペンハーゲン解釈」で主張する、

「ミクロの電子の波は、マクロの人間（その心）と接触すると、なぜ相互作用して〈波束の収縮〉を起こすのか、その〈波束の収縮の原理そのもの〉については、いまもって〈謎〉（不明）である」

とされている。しかし、私は、先にも述べたように、

「電子は〈心〉を持っていて、その電子は人間の体外だけでなく、人間の体内にもあって、ミクロの世界・マクロの世界を問わず〈宇宙規模〉で〈非局所的〉で〈以心伝心〉であるからである」

と考える。とすれば、

「その〈謎〉（波束の収縮性）こそが、見えないミクロの世界で展開される〈宇宙の心〉と、見えるマクロの世界で展開される〈人間の心〉との〈触れ合い〉（相互干渉）の証《あかし》であり、人類が解明すべき〈究極の課題〉である」

といえるのではないだろうか。そして、それこそが、私が、

「本書で目指す〈心の世界の解明〉の真の目的である」

といえよう。

三　量子論への反論

――コペンハーゲン解釈に対する反論

1　「シュレディンガーの猫のパラドックス」による反論

シュレディンガーは一九二五年に「シュレディンガーの方程式」という「量子論の基本方程式」を発表した。それは、「微分を使った波動方程式（波動関数）で、ミクロの量子の波がどのように伝わっていくかを示す確率関数」である。このように、彼は自身の、「シュレディンガーの〈波動方程式〉を導き、〈量子力学〉を打ち立て、〈量子論の発展〉に〈多大な貢献〉をした物理学者」である。その証拠に、彼が考えた、

「シュレディンガーの方程式は、〈波動力学〉とも呼ばれ、〈ミクロの世界の運動法則〉を表す〈量子力学〉（量子論に基づき、物理現象を表すための数学手段）の〈基本法則〉になっている」のである。その意味は、

「このシュレディンガーの波動方程式（波動関数）を解けば、ミクロの物質がどのような形の波になっていて、その波が時間の経過とともにどのように伝わっていくかが計算できる」

ということである。いまこのことを「コペンハーゲン解釈」との関連でいえば、

「シュレディンガーの波動関数を〈確率の波〉として捉える〈波動関数の確率解釈〉こそが、〈コペンハーゲン解釈〉である」

ということになる。

そして、このような「波動関数の確率解釈」（コペンハーゲン解釈）を支持する学派は「コペンハーゲン解釈派」ないしは「実証派」と呼ばれており、その中でもとくに有名なのが、ボーアやボルンやハイゼンベルクなどである。

ところが、その一方で、そのような「波動関数の確率解釈派」の「実証派」（コペンハーゲン解釈派）に反論する学派があり、それは「実在派」と呼ばれており、その中でもとくに有名なのがシュレディンガー自身やアインシュタインやブロイなどである。

そこで、次に本項の課題である「シュレディンガーの猫のパラドックス」による「量子論への反論」に対する検討に入る前に、これら「実証派」と「実在派」の主張の違いについてもみてお

く必要がある。はじめに、実在派とは、

「ミクロの量子（電子など）は実在していて、その性質もはじめから決まっているから、完全な理論さえあれば量子の値は計算できる」

と主張する学派である。これに対し、実証派とは、

「理論によって、ミクロの量子の計算値が実験データと合致していることが証明されればよい」

と主張する学派のことである。いいかえれば、実在派とは、

「電子の性質（たとえばスピンなどの状態）は、人間が観測する前にすでに〈確定〉している（実在している）」

と主張する学派のことである。これに対し、実証派とは、

「電子の性質（たとえばスピンなどの状態）は、観測されるまでは〈確率的〉であるが、観測されてはじめて〈確定する〉（実証される）」

と主張する学派のことである（参考文献10）。

なお、この点に関連して参考までに私見をいえば、本書の指向する「量子論による心の世界の解明」などの、いわば「量子論の哲学的解釈」には「実在論」や「実証論」のほかに「主観論」などの「異なる立場」もあろうが、本書での私の立場は、その中の「実証論」の立場である。

いずれにしても、シュレディンガーは、前述のように「量子論の発展」に大きく寄与したが、

その彼はアインシュタインと同様、量子論（なかんずく、そのコペンハーゲン解釈）に対しては「大きな不満」を持ち続けたといわれている。そして、その「不満」こそが、かの有名な「シュレディンガーの猫のパラドックス」として提起された「思考実験」である。

この実験では、鉛の箱の中に、放射性物質（ミクロの物質）と、生きた猫（マクロの物質）を一緒に入れ、その放射性物質が原子崩壊によって放射線を出せば、毒ガスが発生して箱の中の猫が死ぬ仕掛けになっている。もちろん、放射線を出さなければ毒ガスも発生しないから猫は生きたままである。

このようにしておいて、箱の中の猫が生きているのを確認したうえで、人が箱の蓋を閉める。そのさい、箱の内部の様子（放射性物質の崩壊の有無や猫の生死など）は外からは一切わからないようになっている。そして、ある一定の時間が経ってから、人が箱の蓋を開けて中を見ると、放射性物質の崩壊の有無も、猫の生死もわかるようになっている。ゆえに、このパラドックスでのシュレディンガーの思考実験の意図は、

「人が箱を開ける前に猫の生死が決まっているのか（決定論）、箱を開けた瞬間に決まるのか（確率論）、そのいずれが正しいかを問うことにある」

といえよう。よりわかりやすくいえば、この「思考実験の意図」は、

「人が箱の蓋を開けて中を見る前に、すでに原子核崩壊が起こっていたか起こっていなかったかは決まっているはずだから、猫の生死もまた蓋を開ける前にすでに決まっているはずだとする

〈決定論〉（実在派）と、人が蓋を開ける前までは原子核崩壊の有無も猫の生死も決まっておらず（不確定的）、人が蓋を開けた瞬間に箱の中の放射性物質の崩壊の有無も猫の生死も決まる（波束の収縮）とする〈不確定論〉（実証派）のコペンハーゲン解釈とのいずれが正しいかを問うことにある」

ということである。

そこで、以下これら二つの主張の違いについて、より「理論的」に説明すれば、まず「実証派」（コペンハーゲン解釈派）の主張からいえば、

「人が箱の中を見ていない間は、ミクロの物質の原子核の崩壊は起きていないとも、起きているともいえる〈重ね合わせの状態〉、それゆえ〈状態の共存状態〉にあるから、それと〈連動〉しているマクロの物質の猫の生死もまた、死んでいないとも、死んでいるともいえる〈重ね合わせの状態〉、それゆえ〈状態の共存状態〉にあるから、〈人〉が蓋を開けて中を見た〈瞬間〉に〈波束の収縮〉が起こり、ミクロの物質である放射性物質の崩壊の有無も、マクロの物質である猫の生死も決まる」

というものである。より簡単にいえば、実証派の主張は、

「人が箱の中を見ていないうちは、猫は箱の中で、放射性物質の崩壊が起こらずに生きている状態か、起こって死んでいる状態かの〈重ね合わせの状態〉（生死の重ね合わせの状態、生死の共存

状態〉にあるはずであるから（不確定性原理）、人が箱の蓋を開けて中を見て、はじめて〈波束の収縮〉が起こり、猫の生死が決まる」

ということである。

以上が、「実証派」（コペンハーゲン解釈派）の主張であるが、それに対し反対派の「実在派」のシュレディンガーの主張についていえば、彼の主張は、

「猫が生きているか、死んでいるかの〈共存状態〉（生死の重ね合わせ）は、いわば猫の〈半死半生の状態〉であるから、そのようなことは現実には決してありえない」

というものである。その主張の意図は、

「人が箱の中を見る前から、すでに猫の生死はどちらか一方に決まっているはずなのに、猫の生死の共存状態（半死半生の状態）を主張する実証派（コペンハーゲン解釈派）は〈誤り〉である」

というものである。このようにして、シュレディンガーは、

「量子論が主張する〈状態の共存性〉や〈波束の収縮性〉などの、いわゆる〈コペンハーゲン解釈〉は誤りである」

と強く主張する。

以上を要するに、シュレディンガーは、自身の「猫の生死のパラドックス」によって、量子論の実証派（コペンハーゲン解釈派）の「誤り」を強く指摘したが、彼の批判の意図を私なりに再度理解すれば、このパラドックスにおいて、彼の主張は、

「量子論の実証派は、世界（自然）をミクロの世界（放射性物質の世界）と、マクロの世界（猫の世界）に分け、しかもそのうちのミクロの世界の放射性物質の崩壊の有無のみを前提に、それに〈連動〉させて、マクロの世界の猫の生死を論じているが、それは誤りである。ミクロの世界の放射性物質の崩壊の有無も、マクロの世界の猫の生死も、箱の蓋を開ける〈前に〉すでに〈決まって〉いる（それゆえ決定論）」

というものである。いいかえれば、彼の主張は、

「このパラドックスでは、放射性物質の崩壊の有無はミクロの世界の現象であり、猫の生死はマクロの世界の現象であって、しかも両者は〈連動〉しているはずなのに、量子論の実証派では、それをミクロの世界の放射性物質の有無のみを前提に〈コペンハーゲン解釈のみを前提に〉、その結果としてマクロの世界の猫の生死が決まるとしているのは誤りで、ミクロの世界の放射性物質の崩壊も、マクロの世界の猫の生死も蓋を開ける〈前に〉すでに〈決まって〉いる（それゆえ決定論）」

というものである。この点に関して、さらに私見をいえば、彼の主張は、

「マクロの世界の猫は無数のミクロの物質の集まりと、その無数の状態の組み合わせから構成されているから、このような対象に対しては、単純に量子論の主張するミクロの世界の〈状態の共存の理論〉や〈波束の収縮の理論〉などの〈コペンハーゲン解釈〉を適用するのは〈誤り〉である」

ということになろう。

以上で、「シュレディンガーの猫のパラドックス」に対する、「実証派」（コペンハーゲン解釈派）の主張と、それに対するシュレディンガー自身の反論について詳しく述べたので、ついで、そのいずれの主張が「正しいか」についても、より「理論的」に検討してみる必要がある。結論を先にいえば、

「シュレディンガーの主張する猫のパラドックスは、〈コペンハーゲン解釈の正当性〉を立証した〈ベルの定理〉（後述）と、その定理を完全な形で立証した〈アスペの実験〉（後述）によって〈完全に否定〉された」

ということである。その意味は、

「この世を支配する〈究極の法則〉は、〈実証派〉（コペンハーゲン解釈派）の主張する〈不確定性原理〉（確率論）であり、シュレディンガーが猫のパラドックスで主張する〈決定論〉ではないから、〈シュレディンガーの主張は誤り〉である」

ということである。とすれば、それはまたシュレディンガーと同様に、コペンハーゲン解釈に反対するアインシュタインの有名な、

「神はサイコロ遊びをなさらないとの〈コペンハーゲン解釈の確率論の否定〉は誤りであり、それゆえ〈決定論の肯定〉もまた誤りである」

ということになる。

ところが、ここでさらに「重大な問題」は、シュレディンガー自身が、「自分が考えた〈波動方程式〉（波動関数）を〈実在的な波〉と信じ、それが〈確率の波〉であることを信じようとはしなかった」のである。とすれば、このような点からして、彼の「猫の生死のパラドックスの是非」に関し、再度、それを「数学的な観点」からも検証してみる必要がある。そのさい、とくに注目すべき点は、

「シュレディンガーの〈波動関数〉には、その式の中に〈実数〉の他に、〈虚数〉も含まれていて〈複素数〉になっている」

ということである（参考文献11）。その意味は、

「〈シュレディンガーの波動関数〉には、〈実数〉（表の世界のこの世）と〈虚数〉（裏の世界のあの世）が〈一緒〉に含まれていて〈複素数の世界〉になっており、それは表の世界のこの世と裏の世界のあの世の〈重ね合わせの世界〉を表している」

ということである。ゆえに、このことを再び問題とする「シュレディンガーの猫のパラドックス」にまで敷衍《ふえん》していえば、

「〈シュレディンガーの波動関数〉には、猫が生きている〈表の世界である実の世界のこの世〉と、猫が死んでいる〈裏の世界である虚の世界のあの世〉とが〈共存〉していて、それは〈生死

の共存状態の世界〉、すなわち〈生死の重ね合わせの世界〉、それゆえ〈半死半生の世界〉を表している」

ということになる。とすれば、

「〈シュレディンガーの波動関数〉は、それが正しければ、皮肉にもシュレディンガー自身の考えに反し、〈猫が生きている実の世界のこの世〉と、〈猫が死んでいる虚の世界のあの世〉が〈共存〉していて〈生死の重ね合わせの世界〉〈半死半生の世界〉になっていることを表しており、それは〈コペンハーゲン解釈派（確率論者の実証派）の主張が正しく、それを否定する自身の主張（決定論者の実在派）が誤っている〉ことを〈立証〉していることになる」

といえよう。しかも、一方では、

「〈シュレディンガーの波動関数〉そのものは、どのように再検証しても〈誤りがなく正しい〉ことが立証されている」

のである。とすれば、そのことはまた、それをより敷衍すれば、

「〈シュレディンガーの波動関数〉は、猫の世界にかぎらず人間の世界についても、〈表の世界である生の世界のこの世〉と、〈裏の世界である死の世界のあの世〉が〈共存〉していて、〈重なり合って〉いて、しかも〈相補化〉していることを〈立証〉している」

ことになろう。とすれば、その意味する重要性は、

「実在派（決定論派）の、実証派（確率論派、コペンハーゲン解釈派）に対する反論、それゆえ〈量

子論への反論〉は完全な誤りである」

ということになろう。このようにして、結局、本項で問題とした、

「シュレディンガーの猫のパラドックスによる量子論への反論は誤りである」

ということになる。

ところが、残念ながら、

「人間にとっては、〈生死の重なり合った世界〉の〈複素数の世界〉は〈相補性の世界〉である
から、〈生の世界のこの世〉しか見ることができない」

のである。いいかえれば、残念なことに、

「この世に住む人間にとっては、〈生死の重なり合った複素数の世界〉の〈相補性の世界〉その
ものを見ることは決してできず、〈生の世界〉しか体験できない」

ということである。そうであれば、私はそれに関連して、

「人間の〈生死の問題〉である〈死生観〉についても、改めてそれをシュレディンガーの〈波動
関数〉の観点から〈科学的〉に検討してみる必要がある」

と考える。

2 EPRパラドックスによる反論

以上、シュレディンガーの「猫のパラドックス」による〈量子論〉（コペンハーゲン解釈）に対する反論」についてみてきたが、一方、アインシュタインもまた、前述のように「コペンハーゲン解釈」に対してはどうしても納得できなかった。とくに、彼は「コペンハーゲン解釈派」の主張する、

「電子（粒子）の位置と運動量（運動スピード）の両方を同時に正確に測定することはできないことや（不確定性原理）、電子は互いにどんなに遠く離れていても瞬時に情報交換できること（波束の収縮性原理）」

については、どうしても認めることができなかったといわれている。というのは、もしもそれを認めれば、彼自身が「物理的実在性」（物質性）を根拠に打ち立てた「一般相対性理論」や、同じく、彼自身が自然界には光速を超えるものはないとの「超光速否定の理論」を根拠に打ち立てた「特殊相対性理論」を、自ら否定することになるからである。

そこで、彼は「コペンハーゲン解釈派」の主張する「不確定性原理」や「波束の収縮性原理」を否定するために、以下のような「ビリヤード」を例にとった「思考実験」を持ち出した。具体的には、次のような「思考実験」がそれである。

いま、ビリヤード台にAとBの二個の球を並べて置き、さらにそれらの球の中央に、もう一つの球Cを置いて、そのC球をキューで突いてA球とB球に同時に衝突させることにより、「球（電子を想定）の位置と運動量（運動スピード）の両方が同時に正確に測定できるし、両者の

関係〈位置と運動量〉も、互いがどんなに遠く離れていても瞬時に知ることができる」ことを証明しようとした。

その理論的根拠は、C球をA球とB球に同時に衝突させることによって、A球とB球は常に「同じ位置関係」と「同じ運動スピード」を保つことになるから、球の「運動量」（距離）については、A球かB球のいずれか一方の球の「運動量」を測定すれば、他方の球の「運動量」をどんなに遠く離れていても瞬時に知ることができるし、球の「位置」についても、A球かB球のいずれか一方の球の「位置」を測定すれば、他方の球の「位置」もどんなに遠く離れていても瞬時に知ることができるというところにある。なぜなら、どちらかの球の「位置」を衝突地点から測定すれば、どちらの球も「相対性理論」によって、同じ「距離」を動いていることになるからである。

このような方法で、アインシュタインは、

「粒子の〈位置〉と〈運動量〉（距離）の両方を同時に正確に測定できる」

と考え、それを理論的根拠に、量子論の「コペンハーゲン解釈」にいう、

「粒子の〈位置〉と〈運動量〉の両方を同時（瞬時）に正確に測定できないとする〈不確定性原理〉の否定」

および、同じく「コペンハーゲン解釈」にいう、

「宇宙的範囲で、どのように遠く離れていても、〈粒子間の情報交換〉（情報伝達）は〈超光速〉

で行われるとの〈波束の収縮性原理〉の否定」を試みようと考えた。

そして、そのことを論証するために考えられた論文が、アインシュタイン（Einstein）と、その共同研究者のポドルスキー（Podolsky）およびローゼン（Rosen）の三氏の名前の頭文字を冠して発表された「ＥＰＲパラドックス」であった。ここでアインシュタインは、自らが「相対性原理」で主張する、「粒子の実在性（粒子の局所性）の立証、それゆえ量子論にいう粒子の非局所性（粒子の波動性）の否定」および、自らが「特殊相対性理論」で主張する、「超光速否定の理論の立証、それゆえ、量子論にいう波束の収縮理論の否定」を証明しようとした。

ところが、この「ＥＰＲパラドックス」が成立するためには、アインシュタインの「特殊相対性理論」にいう、「いかなる物理的信号も光速より速く伝わることは決してできないとの、超光速否定の原理が前提条件でなければならない」ことになる。その意味は、「特殊相対性理論のもとで、ＥＰＲパラドックスが成立するためには、客観的な実在（目に見える事物）は、つねに〈局所化〉されて存在しているとの条件が〈必須条件〉でなければならない」

というこ とである。さらにいえば、

「特殊相対性理論のもとで、ＥＰＲパラドックスが成立するためには、特殊相対性理論にいう、客観的な実在は〈局所作用〉で支配されており、超光速のような〈非局所作用〉によっては支配されていないことが前提条件でなければならない」

ということである。ところが後述するように、

「このＥＰＲパラドックスの思考実験は、〈ベルの定理〉と〈アスペの科学実験〉によって完全に否定された」

のである。ということは、「ベルの定理とアスペの実験」によって、

「アインシュタインの特殊相対性理論にいう〈客観的な実在の局所作用〉を前提とした、ＥＰＲパラドックスは完全に間違いであった」

と立証されたということである。いいかえれば「ベルの定理とアスペの実験」によって、

「ＥＰＲパラドックスによる量子論のコペンハーゲン解釈に対する批判は完全に間違いであった」

と立証されたということになる。さらにいえば、

「アインシュタインの特殊相対性理論は、マクロの世界では通用しても、ミクロの世界では通用しない」

ということでもある。

なお、ここに「局所作用」とは、互いが何かで接触していて作用し合っているということであり、「非局所作用」とは、接触するもの（仲介するもの）が一切ないのに互いが作用し合っているということである。

四　量子論への支持

――コペンハーゲン解釈に対する支持

1　ベルの定理による立証

一九六四年に、ジョン・スチュアート・ベルは、「量子論の正当性」を立証するための重要な「手がかり」を発表した。それが「ベルの定理」と呼ばれるものであるが、この定理は「数式」で構成された「確率関数」であり、その後、幾度か「ベルの定理」として「定式化」されたが、この定理の重要性は、

「ベルの定理は、それをどのように再定式化しても、ミクロの世界のあの世の非合理的な側面（不確定的な側面、コペンハーゲン解釈）が、マクロの世界のこの世へ投影されていることを立証していることは間違いない」

といわれているところにある。その意味は、

「ベルの定理は、宇宙の個々の諸要素は基本的には〈非局所的〉に広がっていて〈波動性の原理〉、しかもミクロの世界のあの世とマクロの世界のこの世は〈重なり合っていて〉〈状態の共存性〉、かつ〈不確定的に関係〉し合っていること〈不確定性原理〉を立証していることは間違いない」

ということである。さらにいえば、

「ベルの定理は、私たちが自然について知っている事柄は、そのすべてが私たちにとっては見えないが、自然界の〈基本的過程〉が、時空間の外側〈四次元世界のミクロのあの世〉にありながら、時空間の内側〈三次元世界のマクロの世界のこの世〉と〈重なり合って〉いて〈状態の共存性〉、すべての出来事を〈確率的〉かつ〈瞬間的〉に左右していること〈不確定性と波束の収縮性〉を立証していることは間違いない」

ということである。その意味は、

「〈ベルの定理〉によっても、〈量子論のコペンハーゲン解釈〉〈状態の共存性、波束の収縮性、不確定性〉の〈正しさ〉が立証されていることは間違いない」

ということである。

2　アスペの実験による立証

ついで、一九七四年になって、この「ベルの定理」を立証しようと実験に取り組んだのが、アラン・アスペと、その同僚たちであった。

この実験で重要なことは、彼らが、粒子は「電気量」のほかに「スピン」という特性をも持っていることに着目し、その特性を「ベルの定理の立証実験」に利用したという点である。

ここに、粒子の「スピン」とは、粒子が「コマ」のような「軸」を持っていて「回転」する性質のことであるが、詳しくは以下のとおりである。すなわち、いま「スピン」(回転)がゼロであるような二つの粒子の系を考えた場合、その特性とは、

①かりに、そのうちの片方の系の粒子のスピンの軸の方向が上向きになれば、もう一方の系の粒子のスピンの軸の方向は必ず下向きになること、つまり粒子のスピンの回転方向は両者で必ず左右反対になること
②そのときの粒子のスピンの回転の速度は両者共つねに等しいこと

である。その意味は、

「二つの系の粒子はどのような位置にあっても、互いのスピンの軸の方向(回転方向)は必ず正反対で、その回転速度(運動量)はつねに等しい」

ということである。しかも、その粒子のスピンは、「磁場」によって、軸の上下の方向(左右の回転方向)も、自由かつ「瞬時」に変えることができるのである。すなわち、この実験では

「磁場」の方向さえ変えれば、スピンの軸の方向を上向きや下向き（回転方向を右向きや左向き）にすることが自由かつ「瞬時」にできるということである。

このようにしておいて、いま離れた位置にある二つの粒子のうちの一方の粒子に磁場をかけて、そのスピンの軸の方向が上向きか下向きかを調べた場合、かりに一方の粒子のスピンの軸の方向が上向きになれば、他方の粒子のスピンの軸の方向は瞬間的かつ自動的に必ず下向きになる。ということは、実験者は「片方の粒子」についてのみ測定すれば、「他方の粒子」については何ら測定する必要はないことになる。なぜなら、スピンの方向は必ず反対とわかっているからである。

そこで、いまAとBの二つの粒子が互いにそれぞれの領域で反対側へと遠ざかっている場合、実験者が、その途中で、磁場装置によって、かりにA粒子のスピンの軸の方向を上向きから下向きに変えたとすると、不思議なことに、このときB領域に向かっていたB粒子は、なぜかA粒子のスピンの軸の方向が上向きから下向きに変わったことを「瞬時」に知り、スピンの軸の方向を下向きから上向きに変えることになる。つまり、A粒子のスピンの回転の方向を左向きから右向きに変えたとすると、不思議なことに、このときもB領域に向かっていたB粒子は、なぜかA粒子のスピンの方向が左向きから右向きに変わったことを「瞬時」に知り、スピンの方向を右向きから左向きに変えることになる。ということは、

「B領域の粒子は、A領域での情報（実験者の意思）を〈瞬時〉に（超光速で）感知して、即座に

その存在形態を反対方向に変化させる」

といえよう。しかも驚くべきことに、このことはかりに二つの粒子が「宇宙的規模」でいかに遠く離れていても、理論的には「まったく同じ」であるという。この現象は「量子テレポーテーション」とも呼ばれているが、この実験の持つ重要性は、

「二つの粒子がどのように遠く離れていても、B領域の粒子の状態は、A領域の〈実験者の意思〉（人の心）によって、〈瞬時に変化〉すること（量子テレポーテーション）を完全に立証している」

ということである。いいかえれば、

「A領域（この世）の〈実験者の意思〉（人の心）によって、B領域（あの世）での現実が〈瞬時に決定〉されることをも立証している」

ということである。それゆえ、この実験は紛れもなく、コペンハーゲン解釈にいう、「情報の〈非局所性〉と〈波束の収縮性〉の正当性を立証している」

ことになる。このようにして「アスペの実験」は、「ベルの定理」にいう、「ミクロの世界のあの世と、マクロの世界のこの世は〈重なり合って〉いて（状態の共存性）、しかもマクロの世界のこの世がミクロの世界のあの世を〈非局所的〉かつ〈瞬時〉に〈左右〉していること（波束の収縮性）を立証している」

ことは間違いなかろう。ゆえに、これより「アスペの実験」は、

「客観的な実在（電子）は非局所化していて、光速を超えるとのコペンハーゲン解釈の考え（波動性と波束の収縮性）が正しく、客観的な実在は局所化していて光速を超えることはできないとのアインシュタインの特殊相対性理論が誤りである」

ことを見事に立証したことになる。

このようにして、ベルが先頭を切って打ち立てた「画期的な理論」と、アスペとその同僚たちが実証した「優れた実験結果」は、私たちに、

①ＥＰＲパラドックス（相対性理論）は間違いであり
②コペンハーゲン解釈（量子論）は正しい

ことを「科学的」に納得いく形で教えてくれたことになる。その意味は、

「ベルの定理とアスペの実験は、宇宙の諸要素は基本的には〈非局所的〉に広がっており〈波動性の原理〉、しかもミクロの世界のあの世と、マクロの世界のこの世は〈重なり合って〉いて〈相補的〉であり〈状態の共存性の原理と相補性の原理〉、その間の〈情報交換は瞬間的〉であること〈波束の収縮性の原理〉を〈科学的に立証〉していることは間違いない」

ということである。

なお、この点に関しては、第三部の「あの世とこの世の関係」においても、「ベルの定理とア

スペの実験の正当性の再確認」として、再度、別の面からも詳しく検討することにする。

このように、「ベルの定理とアスペの実験」は、見方をかえれば、

「量子論（コペンハーゲン解釈）の考えは、それが従来の科学常識からみて、いかに理不尽で不可解に思われても、それを真正面から受け入れなければならないことを教えてくれている」

のである。いいかえれば、「ベルの定理」と「アスペの実験」は、私たちに、

「人間がこれまでの科学常識の見地から、この世について合理的と思ってきたことも、量子論の立場からは、それを完全に改めなければならないことを科学的に教えてくれている」

ということである。このようにして、

「〈ベルの定理とアスペの実験〉は、二〇世紀の末になって、科学に〈大革命〉をもたらし、二一世紀の〈未来科学への重大なメッセージ〉として受け止められるようになってきた」

のである。とすれば、そのことはまた、それを敷衍すれば、

「〈ベルの定理とアスペの実験〉は、これまで〈不可解〉とされてきた思弁的な形而上学の〈思考実験〉（哲学や宗教）をして、論理的な形而下学の〈科学実験〉へと〈移行〉させ、それを〈学問のより高み〉へと〈引き上げ〉ないしは〈止揚〉（アウフヘーベン）してくれる」

ことになろう。そうした点から、私は、

「〈ベルの定理とアスペの実験〉によって、〈心の学問〉としての〈重み〉をより負荷された〈量子論〉こそは、これからの〈心の世界〉を生きる人類にとって何にも代えがたい〈宇宙（神）か

らの贈り物〉である」

と考える。私が本書において、

「量子論による心の世界の解明」

を指向する所以は、まさにそこにある。

五　量子論が解き明かす不思議な世界

以上が、「量子論の基礎理論」についての考察であるが、以下においては、そのような「量子論が解き明かす不思議な世界」の数々について改めて詳しく見ていくことにする。

1　ミクロの粒子は心を持っている

写真と絵画の違いは何か。写真は「無意識」にシャッターを押しても、映像は「瞬時」にフィルムに写る。これに対し、絵画は人間が「意識」（心）を持って「時間」をかけてキャンバスに描かなければできあがらない。このようなことは一般常識であり、いうまでもないことである。

ところが、私が今もし、

「絵画は、絵の具のそれぞれの色の〈粒子〉（電子）が〈心〉を持っていて、それらの粒子が、〈描き手の心〉（意図）を解し、互いに情報交換しながら独自に動いて、キャンバスの所定の位置に順番に納まって描かれる」

といったらどうであろうか。そのようなことは「マクロの世界」の「この世の常識」ではとうてい考えられないことであるから、誰もが即座に「そんな馬鹿なことはない」と否定するであろう。ところが、量子論によれば「ミクロの世界」では実際にそのようなことが起こっているという。なぜか。このことを私なりに「コペンハーゲン解釈」の見地から理解すれば、私は、「絵画は、量子論にいう粒子性（この場合は、絵の具の電子の粒子）と、波動性（この場合は、絵の具の電子の動き）と、状態の共存性（この場合は、絵の具の電子の位置）の下で、描き手の意思決定（この場合は、絵の具の電子の波束の収縮性）によって描かれている」

と考える。より具体的には、私は、

「絵画は、絵の具の粒子（電子）の一つひとつが互いに〈心〉を持っていて（粒子性）、キャンバスの空間領域で互いに情報交換しながらそれぞれの場所に移動し（波動性と状態の共存性）、最後に、それらの絵の具の粒子（電子）の一つひとつが、〈描き手の心〉を感知しながら、それに従って互いがキャンバスの所定の場所に落ち着いて（波束の収縮性）、絵が描かれる」

と考える。なぜなら、私は、それは前述の、

「電子のスリット実験や遅延選択の実験にも見るように、〈電子は心〉を持っていて〈観測者の心〉を読み取りながら〈行動〉するのと同じである」

と考えるからである。すなわち、私のいいたいことは、

「絵を描こうとする〈人間の意識・心〉ですらも、〈電子の振舞い・その心〉と同じレベルの

〈自然現象〉の一つにすぎず、それゆえ、この世はすべて〈電子の心〉で結ばれた〈以心伝心の世界〉である」

ということである。よりわかりやすくいえば、

「電子は〈人間の外部〉にだけ存在するのではなく、〈人間の内部・心〉にも存在していて〈非局所性〉を有しているから、人間も物質（この場合、絵の具）も〈心を持った電子〉で結ばれていて、この世はすべて〈以心伝心の世界〉である」

ということである。

私は、その好例を、画家のジャクソン・ポロックの作品の『秋のリズム』などに見ることができると考える。というのは、この絵は「ポーリング法」といわれる、いわば、

「絵の具に絵を描かす方法で描かれた絵」

であり、「究極の絵画」とも呼ばれているからである。このようにして、この例からもいえるもっとも重要な点は、

「この世の〈万物〉はすべて〈心〉を持っていて、この世の〈あらゆる事象〉は、その〈心を持った万物〉と〈心を持った人間〉との相互作用によって〈創造〉されている」

ということである。私が、本書において、

「量子論による心の世界の解明」

を究極の研究テーマとして取り上げる理由はここにもある。

現代科学では、「情報」を処理する「能力」を持っていて、それに従って「行動」できるのは「有機体」をおいて他にないと考えられている。ところが、「電子」は「エネルギー体」でありながら「情報処理の能力」（その心）を持っていて、それに従って「行動」しているように思われる。

そこで、この点に関しても、私見を付記すれば、「生体反応」とは「細胞の緊張と弛緩の正負のエントロピーの周期交代」のことであるから、その周期（振幅）が大きければ大きいほど、それだけ「波動運動」としての「生命反応は活発」になって「生の状態」に近づくし、逆に小さければ小さいほどそれだけ「波動運動」としての「生体反応は不活発」になって「死の状態」に近づくと考えられている。いま、このことを「動物と植物の違い」にまで敷衍していえば、生体反応が「活発」なのが「動物」であり、「不活発」なのが「植物」であるし、さらに同じことを「生物と無生物の違い」にまで敷衍していえば、生体反応が活発なのが動的な「生物」であり、不活発なのが静的な「無生物」（液体や固体）であるといえよう。そのさい重要なことは、「その生体反応の違いは、〈程度の差〉にすぎない」

ということである。ところが私たちは「マクロの世界」しか「知覚」できないから、マクロの世界の立場のみからみて万物を「生物」と「無生物」に分別し、

「生体反応の活発な生物は生きていて〈心を持って〉いるが、生体反応の不活発な無生物は死ん

でいて〈心を持って〉いない」

と考えている。ところが驚くべきことに、量子論によれば、「万物の根源であるミクロの世界の無生物と思われていた〈素粒子〉（電子）までもが〈波動運動〉としての〈生命運動〉をしていて〈生きて〉おり、しかも〈心を持って〉いて、人の心を読みとって〈行動〉する」

ことが「科学的」に明らかにされた（コペンハーゲン解釈）。とすれば、私は、「そのような心を持ったミクロの世界の素粒子が、次第に密度を濃くしながら、やがてマクロの世界の万物へと転化していくのであるから、〈万物〉もまた生物、無生物を問わず〈心を持って〉いて〈生きている〉のは当然である」

と考える（参考文献12）。いいかえれば、私は、「ミクロの世界の物質はすべて粒子の性質を持っていて、しかもその粒子が次第に密度を濃くしながら、やがてマクロの世界の万物へと転化していくのであるから、そのミクロの世界の物質〈粒子〉が心を持っているのであれば、それらから構成されているマクロの世界の万物もまた、ミクロの世界の物質と同じく心を持っているのは理の当然である」

と考える。とすれば、結局、以上を総じていえることは、「ミクロの世界もマクロの世界も、その根源は〈心の世界〉であるということになろう。

2　人間の心が現実を創造する

自分が「この世」にあってこそ「この世」を見ることができるのであって、自分が死んだら「この世」を見ることができなくなるのだから、自分にとっては「この世は存在しないのと同じではないか」

このように考えると、

「私たちが見ている（住んでる）この世は、本当に存在しているのか」

との疑問が湧いてくる。それに対する「量子論の解答」は、アインシュタインを悩ませ続けた、

「誰も見ていない月は存在しない」

いいかえれば、

「月は人が見たとき、はじめて存在する」

に象徴されるといえよう。そして銘記すべきことは、

「その疑問に対する解答は、すべて量子論にいう、粒子性と波動性および波束の収縮性など、いわゆる〈コペンハーゲン解釈〉の中にある」

ということである。より詳しくは、

「月は無数の粒子（電子）からなっているが、人間が見ていない間は波の姿をとっていて見えないものの（波動性）、人間が見た瞬間に、その波が収縮して粒子になり（粒子性）、見える現実の月になる（波束の収縮性）」

ということである。ゆえに、このことをより敷衍していえば、

「月でも、それを眺める人間でも、あらゆる物質（万物）は、誰にも見られていないうちは波になって広がっているので見えないが（波動性）、誰かに見られた瞬間に一つに見える。すなわち、一箇所で見つかる（波束の収縮性）」

ということになる。その意味は、

「マクロの物質も、ミクロの物質と同様に、波になって広がっているのに（波動性）、〈マクロの世界〉での〈物質の波〉の広がり方は〈極めて小さい〉ので、つねに〈一箇所〉に存在しているようにしか見えない（波束の収縮性）」

というだけの違いである。つまり、

「ミクロの物質は波としての性質が極めて強く、波のときには大きく広がっていて、その〈居場所を特定することができない〉、それゆえ見ることができないが（波動性）、マクロの物質は波としての性質が極めて弱いから、いつも、その〈居場所を特定することができる〉。それゆえ見ることができる（波束の収縮性）」

というだけの違いなのである。さらに繰り返せば、

「ミクロの物質の波としての広がり（波動性）は極めて強く宇宙規模で大きいが、マクロの物質の波の広がり（波動性）は極めて弱く、ほぼ〈一点に集中〉しているため、マクロの物質はつねに〈一箇所〉にあるようにしか見えない」

ということである。先の、

「月は人が見たとき、はじめて存在する」

との比喩がマクロの世界に住む私たちにとって不思議に思えるのは、

「月も無数の粒子からなっているから（粒子性）、波としての性質を持っているが（波動性）、マクロの世界のこの世では、その波としての広がり（波動性）が極めて小さいので、つねに一箇所にあるようにしか見えない」

からである。

あるいは、この「月の比喩」は、さらに見方をかえれば、次のようにも解釈できよう。すなわち、

「誰も見ていない月は、ここに在るともいえるし、あそこに在るともいえる〈波の状態〉で、さまざまな場所に存在していて（状態の共存性）、私たちが見た瞬間に〈粒子の状態〉になって〈一箇所〉に見える（波束の収縮性）」

というのがそれである。その意味は、

「ミクロの物質の電子（粒子）の集合体からなる月は、誰も見ていないときには〈波の状態〉で、

ここに在るともいえるし、あそこに在るともいえる〈共存状態〉（重ね合わせの状態）にあって見えないが（状態の共存性）、マクロの世界に住む私たちが〈見た瞬間〉に〈粒子の状態〉になって〈一箇所〉に決まり、〈一つの月〉に見える（波束の収縮性）」

ということである。より一般的にいえば、

「マクロの世界は、基本的には、ミクロの世界の物質から構成されているから、マクロの世界の物質もまた（たとえば月もまた）、誰にも見られていないときには、波動状態になっていて、ここに在るともいえるし、あそこに在るともいえる共存状態（重ね合わせの状態）にあって見えないが（状態の共存性）、人間が見たときはじめて粒子の状態になって一つに（一箇所に）見える（波束の収縮性）」

ということである。ゆえに、以上を総じていえることは、結局、

「私たちのこの世もまた、私たちが見ていない間は見えないが（実存しないが）、私たちが見た瞬間にはじめて見える現実のこの世として実存する」

ということである。

3 自然と人間は一心同体で以心伝心である

これまで、私たちは自然を観察するさいには、

「観察者は、観察対象の自然に影響を与えないように、自然をあるがままに観察しなければならない」

と考えてきた。この考えは、

「自然を観察するには、〈心〉を持たない観察対象の〈自然〉と、〈心〉を持った観察者の〈人間〉を〈峻別〉して考えなければならない」

ということである。とすれば、この考えはまた、

「〈自然〉（万物）は〈心〉を持たず、〈心〉を持った〈人間〉とは〈別物〉であるから、両者は〈峻別〉されなければならないとする西洋の〈物心二元論〉の考えそのものである」

といえよう。ところが、「量子論」によれば、自然の観察にあたり、意外なことが発見された。というのは、

「自然、なかんずく〈ミクロの物質〉をあるがままに観察することは絶対に〈不可能〉である」

ということである。なぜなら、

「〈ミクロの物質〉を観察しようとすれば、それまでは〈波〉であった物質が瞬間に〈粒子〉に変わる（波束の収縮）」

からである。その意味は、

「〈ミクロの物質〉は、観察者の〈心〉を察知（感知）して〈姿〉を変える」

ということである。とすれば、そのことはまた、

「自然の〈ミクロの物質〉は、単なる物質ではなく〈心〉を持っていて、観察者の〈人間の心〉を〈察知〉〈感知〉して〈挙動〉する」

ということである。そうであれば、その意味はまた、

「〈自然〉も〈人間〉も共に〈心〉を持っていて、その〈心〉を通じて、〈自然と人間〉は互いに〈一心同体〉である」

ということにもなる。なぜなら、それは前記のように、

「〈電子〉は〈人間の外部〉にも〈内部〉にも存在していて〈非局所性〉を有しているから、自然も人間も〈心を持った電子〉によって結ばれていて〈以心伝心〉である」

からである。

とすれば、この考えはまた、

「東洋の神秘思想にいう〈天人合一の思想〉としての〈物心一元論の思想〉そのものである」

といえよう。そして、これこそが、

「量子論が〈実験〉によって〈科学的〉に解き明かした〈真の自然像〉である」

といえよう。ゆえに、このことがまた、

「量子論の思想と、東洋の神秘思想が酷似している」

とされる所以でもある。

このようにして、以上を総じていえることは、結局、

「自然（万物）は人間と同様に心を持っているから、その〈自然の心〉と〈人間の心〉が〈共鳴〉し合って、この世を〈創造〉し、〈存在〉させている」

ということになる。つまり、

「この世は、〈自然の心〉と〈人間の心〉（意識）によって、はじめて〈存在〉する」

ということである。もちろん、このようなことはマクロの世界のこの世に住む私たちにとってはとうてい信じられないことである。なぜなら、

「見えるマクロの世界の現象のみを研究対象としてきた従来の〈物心二元論の科学観〉では、見えない〈物心一元論〉の〈以心伝心〉のミクロの世界の現象はとうてい理解できない」

からである。とはいえ、それこそが、

「量子論が〈実験〉によって〈科学的〉に解き明かした〈心の世界の真相〉である」

といえよう。とすれば、ここにもっとも大切なことは、前述のように、

「量子論は〈実験〉に基づいて発展してきた純粋な〈科学〉であり、実際にミクロの世界で起こっている現象を〈実験〉で厳密に〈確認〉しながら進化してきた〈正真正銘の学問〉であるから、量子論を理解しようとすれば量子論の主張がいかに納得しがたいものであっても、私たちはその主張を〈真正面〉から〈素直〉にかつ〈真摯《しんし》〉に受け入れなければならない」

ということである。私は、それこそが、

「量子論を学び、それを理解する上での〈王道〉である」

と考える。以下、このような観点に立って、「量子論が解き明かす不思議な世界」について見ていくことにする。

4　空間は万物を生滅させる母体である

「海」とは何か。それは「海全体」を占めている「海水」のことで、その中の存在物の魚や海藻などではない。同様に、「宇宙」とは何か。それは「宇宙全体」を占めている「空間」のことで、その中の存在物の天体（銀河や惑星）などではない。

では、その「空間」とは何か。このことは、すでに二〇〇〇年以上も前のギリシア時代から真剣に考えられてきた問題であるが、近代科学が芽生えた一七世紀までは、空間については相対立する二つの考え方があった。その一つは「空間とは何も存在しない虚無（空）である」とする「存在否定論」と、もう一つは「空間は存在するから実存する」とする「存在肯定論」であった。

それが一九世紀になると、

「宇宙の空間は単なる虚無（真空）ではなく、エーテルが存在している物性である」

との「存在肯定論」の「エーテル論」が生まれた。ところが、このエーテル論は、「エーテルの存在」が立証されなかったので、その後、否定されたが、二一世紀に入ってからは「量子論」が再びそれに「火」をつけた。なぜなら、量子論によって、

「光は波動であるから、その光の波動が伝わるためには、宇宙の空間には必ず〈媒体物〉が存在しなければならない」

ことが明らかにされたからである。このようにして、量子論の登場によって、「宇宙の空間は単なる虚無ではなく、そこには光の波動を伝えるための〈媒体物〉が存在しなければならない」

ことが明らかにされた。そればかりか、現在では、「宇宙の空間は単なる虚無ではなく、宇宙の〈万物を生滅〉させる〈媒体としての存在〉である」

ことも明らかにされた。より詳しくは量子論によって、「宇宙の空間は単なる虚無ではなく、〈空間のゆらぎ〉と〈空間の分極〉によって、宇宙の〈万物を生滅させる母体〉としての存在である」

ことが「理論的」に立証されたのである。

このように、量子論によって、真空は何もない空間ではなく、至るところで粒子と反粒子がセットになって生まれていることが明らかにされた。これが「対生成」と呼ばれている現象である。しかし、「対生成」した粒子と反粒子はすぐに結合して消え去る。これが「対消滅」と呼ばれる現象である。

このようにして、真空の中では、無数の粒子と反粒子が絶えず「対生成」と「対消滅」を繰り返していることが明らかにされたのである。そして、そのような状態を、量子論では「真空のゆらぎ」と呼んでいる。この点については、第四部の「量子論が解き明かす真の宇宙像」のところでも再度、詳しく明らかにする。このように、量子論によって、

「〈真空〉は完全な虚無ではなく、粒子と反粒子が生滅しながら絶えず〈ゆらいで〉いて〈万物を生滅〉させている空間である」

ことが明らかにされた。

なお、ここに「空間のゆらぎ」とは、空間の電子全体がゆらいでいる現象のことであり（波動性）、「空間の分極」とは空間から電子が生まれたり消えたりする現象のことである（粒子性）。とすれば、結局、量子論にいう、

「宇宙の空間とは単なる真空ではなく、〈空間のゆらぎと分極〉によって、〈電子（万物の素）が絶えず生まれたり消えたりするエネルギーの場〉、それゆえ〈電子の粒子性と波動性の発現の場〉である」

ということになろう。もちろん、このことは「画期的な発見」である。なぜなら、それは量子論によって、はじめて、

「宇宙はエネルギーの空間ではあるが、その〈空間のゆらぎと分極〉こそが、人間をも含めて宇宙の〈万物を生滅させる正体〉（母体）である」

ことが立証されたことになるからである。

しかも、驚くべきことに、それはまた二〇〇〇年以上も前の「佛教」にいう、

「色即是空、空即是色」

すなわち、

「物質（色）は即ち空間（空）であり、空間（空）は即ち物質（色）である」

それゆえ、

「〈空間〉こそが〈万物を生滅させる母体〉である」

との教義とも「完全に一致」するのである。とすれば、そのことはまた、私たちに、

「東洋神秘思想の偉大さと、その東洋神秘思想と量子論の近さを思い知らせる」

ということである。

5　万物は空間に同化した存在である（同化の原理）

宇宙に存在する「万物」は硬い物質の固まりのように考えられているが、ミクロの世界を研究対象とする「量子論」の登場によって、その「実体」は一〇億分の一メートル（一ナノメートル）以下の「隙間だらけの存在」であることが立証された。それによって、

「宇宙の万物は隙間だらけで、〈空間に同化〉した存在である」

ことが明らかにされた。それが、いわゆる「同化の原理」である。そして、この「同化の原

理」と、前述の「ゆらぎと分極の原理」によって、

「万物は空間に〈同化〉しており、その〈空間のゆらぎと分極〉こそが〈万物を生滅させる母体〉である」

ことが解明された。これは見方をかえれば、

「〈空間〉のほうが、物質よりも〈真の実体〉である」

ということになる。このことを、再び「量子論的見地」からいえば、

「マクロの世界の万物は、表面的には個々に分断されているようでも〈局所性〉、その根源のミクロの世界では〈同化〉され、全体としては〈つながって〉いる〈非局所性〉」

ということである。これこそが「同化の原理の真の意味」である。

6 空間のほうが物質よりも真の実体である

物質と空間を比べた場合、誰もが、

「見える物質のほうが、見えない空間よりも真の実体である」

と思うであろう。なぜなら、

「物質は見えるから実体があり、空間は見えないから実体がない」

ように思えるからである。

以下、この点について説明するが、すでに述べたように、量子論では、「物質の内部をいくら探っても基本的な構成要素は何もなく、それは〈エネルギーの確率の波〉にすぎない」

ことが明らかにされた。ところが、この事実はさらに次のような二つの疑問を提起することになった。すなわち、

（1）物質の内部には基本的な構成要素は何もないのに、なぜ物体は「剛体」としての側面を持っているのか

（2）物質の内部には基本的な構成要素は何もないのに、なぜ物質を構成する原子は原子ごとに「同一」で、しかも驚異的な「力学的安定性」を持っているのか

ということである。これらの疑問に対する解答は、

まず（1）の疑問に関しては、原子の中の「二つの対抗する力」である「原子核」と「電子」の「引力」の強さに求められる。すなわち、電子は電気的な引力によって原子核に結び付けられているが、そのとき働く力は両者をできるだけ近い位置に引き止めようとする引力である。したがって、その引力が強ければ強いほど、「物質は剛体」としての側面を保つことになる。事実、その引力は「核力」と呼ばれており、強力である。

（２）の疑問に関しては、電子の「波動性」に求められる。原子の姿を、原子核を中心に電子が惑星の軌道のように回っていると考えてはならない。原子核の周りを電子がぐるぐる回っているのではなく、異なる軌道上に「電子の確率波」が配置されていると考えるべきである。そして、そのような電子の確率波は、原子の中の限定された領域に閉じ込められると、ギターの弦の振動のように「定常波」となる。しかも、この定常波は数種類の「特定の形」しかとらない。すなわち、電子は正常な状態（定常波）の下では、数種類の「基底状態」と呼ばれるもっともエネルギー・レベルの低い「確率波の軌道」（量子状態と呼ばれる）をとることになる。ところが、そこに必要なエネルギーが与えられると、より高い「確率波の軌道」へとジャンプする。この現象は「励起状態」と呼ばれているが、しばらくするとまた元の基底状態に戻る。そのさい重要なことは、

「電子の確率波の軌道や軌道間の距離は、同じ種類の原子（電子の数が等しい原子）についてはつねに一定である」

ということである。これらの性質のゆえに、

「同じ種類の原子は確率波の軌道も軌道間の距離もすべて同一で、力学的にも安定している」

ことになる。以上が、

「原子によって構成されている物体は、なぜ剛体に見え、しかも驚異的な力学的安定性を持っているのか」

についての説明であるが、本書の「量子論」で問題とするのは、さらに、「その物体を構成する原子よりも、その原子を構成するより小さい素粒子」についてである。そのさい、注意すべきことは、

「原子から構成される物質の姿は、その原子を構成する〈素粒子〉から見れば様相を一変する」

ということである。その意味は、

「マクロの世界から見れば、剛体の原子から構成されている物質は硬いように見えても、ミクロの素粒子の世界から見れば、その実体は一〇億分の一メートル以下の隙間だらけであり、実際には、〈物質のほうが空間に同化〉している」

ということである。さらにいえば、

「ミクロの世界では、マクロの世界のように〈物質が空間を通り抜け〉ているのではなく、逆に〈空間が物質を通り抜け〉ている」

ということである。このように、

「マクロの世界ではどの物質も硬く見えても、ミクロの世界から見れば、その実体は隙間だらけで透け透けで〈物質のほうが空間に同化〉している」

のである。

ところが、ここで疑問に思えるのは、もしそうであれば、物質同士は互いに「透け透け」で「スリ抜け」ることができるはずであるのに、実際には、物質同士は「スリ抜け」ることができ

ずに「衝突」する。そのため、マクロの世界のこの世では、物質は硬くて「実体」があるように思われている。

いま、このことを扇風機を例にとって比喩すれば、扇風機には羽と羽の間に「隙間」があって、止まっているときには「透け透け」で手を入れることができるが（それゆえ、怪我をしないが）、高速回転しているときには隙間がなくなるから「剛体」のようになって、手を入れることができない（それゆえ、怪我をする）のと同じである。それと同様に、

「マクロの世界では、万物はそれを構成している原子が互いに同じ振動レベルで超高速回転しているから隙間がなくなり剛体となって実体が生じ、万物は互いにスリ抜けることができず衝突する」

ことになる。しかし、前述のように、

「物質はマクロの世界ではどんなに硬く見えても、ミクロの世界から見れば、その実体は隙間だらけで透け透けで空間に同化している」

のである。とすれば、その意味は、

「ミクロの空間世界のほうが母体で、マクロの物質世界のほうは、そのミクロの空間世界に同化していて生滅させられている」

ということになる。さらにいえば、そのことは、後に再度明らかにするように、

「万物を生滅させる母体のミクロの空間世界のあの世のほうが〈実像〉で、生滅させられるマク

ロの物質世界のこの世のほうが〈虚像〉である」

ということになる。

7　物質世界のこの世が空間世界のあの世に、空間世界のあの世が物質世界のこの世に変わる（この世とあの世の相補性）

繰り返し述べるように、量子論によれば、

「ミクロの世界では、粒子（物質）は個であると同時に波でもある」

という。そのことを量子論では「粒子性」と「波動性」、総じて「量子性」と呼んでいるが、
それをわかりやすくするためには、前述の、

「空間こそが物質を生滅させる母体である」

との「同化の原理」を考えればすぐ理解できる。それを比喩すれば、海水に浮かぶ氷山をイメージすればよい。そのさい、

「海水が空間で、氷山が物質にあたる」

と見ればよい。そうすれば、

「氷山（物質）と海水（空間）が接している境界（波打ち際、渚）では、つねに氷山（物質）が溶けて海水（空間）となって波になり、逆にその波になった海水（空間）が凍って氷山（物質）と

なっている」

ことになる。それは、

「氷山（物質）が溶けて海水（空間）に同化して波になっているか、逆に波になった海水（空間）が凍って氷山（物質）に同化しているかの状態である。それゆえ両者は〈相補関係〉にある」

ということである。このように考えれば、量子論にいう、

「同じ粒子が個の姿（物質の姿）をとったり（粒子性）、波の姿（空間の姿）をとったり（波動性）する理由」

がよく理解されよう。それは、まさに佛教にいう「色即是空　空即是色の世界」そのものといえよう。そうであれば、この比喩をさらに敷衍して、

「氷山がこの世の見える物質世界にあたり、海水がそれを取り巻くあの世の見えない精神世界（心の世界）にあたる」

とみてよいから、

「氷山にあたる見えるこの世の物質世界と、海水にあたる見えないあの世の心の世界の境界（渚）では、つねに氷山にあたるこの世の物質世界が、海水にあたるあの世の心の世界へと還流（同化）し、逆に海水にあたるあの世の心の世界が、氷山にあたるこの世の物質世界へと凝固《ぎょうこ》（同化）している」（色即是空　空即是色の世界）

ことになろう。それは、ちょうど、

「海が心の世界のあの世にあたり、氷山が物の世界のこの世にあたり、波打ち際（渚）が心の世界のあの世と物の世界のこの世が互いに干渉し合っている波の部分（溶出部分）にあたる」

と想定してもよい。それを「量子論的見地」からいえば、

「その〈境界〉（波打ち際、渚）こそは、氷山が海水に溶けて（同化して）波になっているか（波動性）、逆に波になった海水が凍って（同化して）、氷山になっているか（粒子性）の状態にあたるから、その境界は〈この世の物質世界〉と〈あの世の心の世界〉が互いに〈波〉になって〈干渉〉し合い、ミクロの世界のあの世とマクロの世界のこの世が〈融合〉し合っている状態にあたる」

と考えてよかろう。あるいは見方をかえて、それを後述する「波動の理論」の観点からもいえば、

「この〈干渉〉し合っている〈境界〉の〈渚の世界〉こそが、マクロの物質世界のこの世とミクロの心の世界のあの世をつなぐ〈波動の世界〉にあたる」

と考えてよかろう。とすれば、それは先の「ベルの定理」とも一致する。この点については、後の「波動の理論」でも再度詳しく述べる（参考文献13）。

このようにして、私は、「量子論」の見地から、

「物質世界のこの世が空間世界のあの世に、空間世界のあの世が物質世界のこの世に変わるとの〈色即是空　空即是色の世界〉、すなわち〈物心一元論の世界〉を〈科学的〉（理論的）に解明し

えた」

と考える。

8 実在は観察されるまでは実在ではない（自然の二重性原理と相補性原理）

私たちが何かを観察した場合、

「人間にとって、すべては見える事実か、反対に、見えない反事実かのどちらか一方であって、その両方では決してない（二律背反性）」

ということである。同様に、

「宇宙もまた、人間にとっては、見える事実としての宇宙のこの世か、見えない反事実としての宇宙のあの世かのどちらか一方であって、その両方では決してない」

ということである。その意味は、

「〈見える宇宙〉には、必ず〈見えない宇宙〉が潜んでいる」

ということである。つまり、

「宇宙には必ず隠れた反面がある」

ということである。このことは、

「〈自然の二重性原理〉、ないしは〈自然の相補性原理〉」

と呼ばれている。その意味は、

「宇宙には、相補性なしでは、どのような実在的宇宙（物質的自然）も存在しえない」

ということである。このことを「量子論的見地」からいえば、

「宇宙は、〈見えない宇宙〉（暗在宇宙、波動性宇宙、あの世）と、〈見える宇宙〉（明在宇宙、粒子性宇宙、この世）の〈共存状態〉として存在していて（状態の共存性）、それが〈人間の観察〉という行為（人間の心）によって、はじめて〈見える宇宙〉（明在宇宙のこの世）として〈実在〉する（波束の収縮性）」

ということである。それこそが、先にも述べた、

「月は人が見たとき、はじめて実在する」

という比喩の意味である。しかも驚くべきことに、

「この宇宙の相補性（二重性）はすべての物質にもある」

のである。そのことを「科学的」に立証したのが、前述の、

「万物の素になる〈電子〉の〈粒子性〉と〈波動性〉にみられる〈相補性〉である」

といえよう。とすれば、

「私たちが経験するあらゆることは、すべて〈二つの相補的側面の折衷《せっちゅう》〉であり、そこには必ず〈隠れた相補的な側面〉が存在する」

ことになる。そのため、

「私たちの経験的感覚は、実在の全貌《ぜんぼう》を知る手がかりとしては必ずしも信頼できるものではなく、矛盾に満ちたものになる」

ということである。このことをもっともよく象徴している比喩が、前述の、

「月は人が見たとき、はじめて存在する」

である。よりわかりやすくいえば、それは、

「〈見えない月〉（見えない存在）と、〈見える月〉（見える存在）は〈共存〉していて（状態の共存性）、〈人間が見た〉とき、はじめて〈見える月〉（見える存在）になる（波束の収縮性）との〈相補性原理〉を意味している」

ことになる。ところが、従来の科学では、

「実在と観察との関係は、実在とは知覚できる存在のことであり、観察とはすでに知覚によって存在している実在を確認することである」

とされている。量子論では、そうではなくて、

「実在と観察との関係は、実在は観察（認識）されるまでは実在でなく、観察されてはじめて実在になる（状態の共存性と波束の収縮）」

と考える。このことを量子論では、「相補性原理」ないしは「他者排除の原理」と呼んでいる。

そして、なによりも重要なことは、前述のように、

「〈宇宙〉もまた、これと同じように〈相補的な性質〉（二重性）を持っている」

ということである。このことが、後に述べる「多重宇宙説」の理論的根拠ともなっている。

以上のことを、さらに量子論の「粒子と波動の相補性原理」の見地からもいえば、すでに述べたように、

「〈宇宙〉（自然）は、ある場合には〈見える粒子〉からなり、また別の場合には〈見えない波動〉からなっていて、同時に〈見える粒子の宇宙〉と〈見えない波動の宇宙〉のようには見えない」

ということである。

もちろん、このような「自然の相補性」（自然の二重性）は、宇宙にかぎらず、すべての物質にもある。ちなみに、

「私たち人間もまた例外ではなく、自然の相補性（自然の二重性）の一部であり、ある場合には（この世では）、〈見える私〉からなり、また別の場合には（あの世では）、〈見えない私〉からなっていて、同時に〈見える私と見えない私〉のようには決して見えない」

ということである。その意味は、

「見える三次元世界の〈この世が虚像〉（影）で、見えない四次元世界の〈あの世が実像〉（本物）であるからこそ（自然の二重性）、その〈人が生きていてこの世にいる間〉は、その〈人の実像〉を見ているようでも、本当は、その〈人の虚像〉（影）しか見ていないから、その〈人（実像）が死ねば、その人の影（虚像）も消えて、その〈人は完全に見えなく〉なる（相補性原理）」

ということである（参考文献14）。このように、

「〈自然は二重性〉を持ち、その振舞いは〈相補性原理〉に従うから、〈矛盾〉をはらむことになる」

といえよう。

そこで、前述のところをさらにより身近な問題にまで敷衍していえば、

「私たちが経験するあらゆることには、すべて〈隠れた相補的な側面〉、すなわち〈潜在的な実在〉があり、しかもその隠れた相補的な側面（潜在的な実在）は、現実には決して現れてこない」

ということである。このことを比喩すれば、

「表を向いて地面に落ちたコインに対し、その隠れた相補的な側面は裏返さないかぎり決して現れてこない」

ということである（他者排除の原理）。それと同様に、

「この世での私たちの行為もまた、相補的な実在の一方の面の〈顕在的な実在〉を決定すれば、他方の面の〈潜在的な実在〉の決定はもはやできないことになる」

ということである。しかも重要なことは、

「この〈潜在的な実在〉の決定は、私たち〈自身の選択〉に委《ゆだ》ねられている」

ということである。その意味は、

「それらの〈選択〉を行うために、私たちがどのように〈行動〉するかによって、私たちが〈実在〉と呼ぶ〈体験〉が決まる」

ということである。とすれば、

「私たち自身のマクロの世界の〈この世での行動〉〈実在と呼ぶ体験〉は、すべて私たち自身のミクロの世界の〈あの世での選択〉にほかならない」

ことになる。ところが私たちは、

「ミクロの世界のあの世で行う〈自身の選択〉には気づいていないから、その選択がマクロの世界のこの世では幻想としての〈宿命〉に映る」

のである。いいかえれば、私たちにとっては、

「ミクロの世界のあの世で〈自身が選択〉したこと〈それが〈宿命〉になる〉には気づかないから、それがマクロの世界のこの世では〈運命〉に映る」

ということである。とすれば、

「運命的見地からは、人間は〈実在の創造者〉であると同時に、〈創造の犠牲者〉でもある」

ということにもなろう。その意味は、

「私たちがミクロの世界のあの世で〈無意識に選択〉したことが私たちの〈宿命〉にあたるが、その〈宿命〉が時間の流れるマクロの世界のこの世に時系列順に運ばれてくると、それが私たちの行う〈波束の収縮〉によって、その時々の〈実在〉としての〈運命〉になる。私たち自身はミクロの世界のあの世で自身が無意識に選択した〈宿命〉と、それがマクロの世界のこの世に時系列順に現れてきた〈運命〉との〈相補性〉にはまったく気づかないから、それらがすべて〈不可

解な宿命としての運命〉に映る」

ということである。この点については、後に章を改めて再度詳しく述べることにする（参考文献15）。

以上、私は本書の課題とする「心の世界」の解明のための一例として、人間の「宿命と運命」などの「心の世界の問題」を例にとって「自然の相補性原理」について明らかにしたが、それらを通じていえる重要な点は、

「〈自然の相補性原理〉は、私たちの〈日常の経験的感覚〉が〈実在の全貌を知る手がかり〉としては決して〈信頼できるものではない〉ことを教えてくれている」

ということである。なぜなら、それは、

「〈同化の原理〉によって、〈人間自身の存在〉と、その〈人間の外に存在する実在〉との間に〈境界〉がない」

からである。その意味は、

「〈ミクロの世界のあの世〉とつながっている〈マクロの世界のこの世〉に住む人間は、〈相補性原理〉に支配されながらも、〈同化の原理〉によって、知らず知らずのうちに〈ミクロの世界のあの世〉から影響を受け、逆に〈ミクロの世界のあの世〉に影響を及ぼしている」

ということである。そして、私は、このことこそが、

「〈量子論の理解〉を妨げ、量子論をして〈不可解な理論〉と思わせる〈最大の理由〉の一つになっている」

と考えている。逆にいえば、私は、この点さえ解明できれば、

「不可解と思われる量子論の理解も容易になる」

と考える。以上が、

「〈自然の二重性原理〉と〈相補性原理〉についての私の理解であり、同時に、その理解こそが〈量子論の理解への鍵〉になる」

と考えるゆえんである。なお、この点については、後の第三部においても再度詳しく述べることにする。

9　光速を超えると、あの世へも瞬時に行ける

アインシュタインの特殊相対性理論によれば、この世ではどんなに速い物質も決して光速を超えることはできないという。ところが、量子論によるとミクロの世界では、「波束の収縮」にもみるように、「超光速」は普通に起こる現象であるという。そればかりか、そのような、

「超光速の世界では、時間も空間も自由になる」

という。その意味は、

「光速を超えると、過去へも未来へも自由に行けるし、宇宙のどこへでも瞬時に行ける。それゆえ〈光速を超える〉と、時間も空間も〈双方向〉になって、どこへでも〈瞬時〉に行ける」ということである。この点については、後の補論の「タイムトラベルは可能か」のところでも再度詳しく述べる。

ところが、前述のように「特殊相対性理論」によれば、

「光速は今日知られている宇宙の中の最高速度であり、どんなに速い物質も決して光速を超えることはできない」

とされている。もちろん、ボールであれ、弾丸であれ、物体に与えるエネルギーを大きくすれば物体の動く速度は速くなる。しかし、アインシュタインの「エネルギーと質量の等価の式」の$E=mc^2$が示すように、速度（c）が極めて大きくなると、どんなにエネルギー（E）を与えても、物体の質量（m）が重くなり、物体の速度は増加しなくなる。

ということは、どんな物体（粒子）であれ、光速で走るためには「無限大のエネルギー」を必要とするから、光速より速く走ることは絶対にできないことになる。ゆえに、もしも光より速く走る「超光速の粒子」（物質）があったとしたら、そのような粒子は光速以下の速度から光速以上の速度へと加速されたものでは決してなくて、「最初から光速を超える速度を持った粒子」であるはずである。物理学者はそのような「超光速粒子」に長い間あこがれ、それを「タキオン」と呼んだ。

ところが、もしもそのような「タキオン」が実際に存在するとしたら、この世の「因果関係」はめちゃくちゃになってしまう。そのことを比喩すれば、いま誰かが標的に向けて銃を発射したとする。弾丸は銃口を出て、少し経って的に当たる。そのとき、私たちが超高速機に乗って、弾丸の傍を同じ方向に向かって飛びながら、超高速機の窓から弾丸の飛ぶ様子を見ているとすると、超高速機の速度が十分速ければ、窓から見た弾丸はあたかも止まっているかのように見えるはずである。

しかし、もしも弾丸が「光より速い速度」で飛んでいるとすると、そのときには奇妙なことが起こるはずである。たとえば、「弾丸の速さ」がちょうど「光速の二倍」だったとしよう。このとき超高速機の速さが「光速の半分以下」であれば、なにも奇妙なことは起こらない。しかし、超高速機の速さが「光速の半分に等しくなった」とすると、「弾丸の発射と着弾とが同時刻に見える」ことになるだろう。ところが、超高速機の速度がさらに「光速の半分以上」になったとすると、もっと奇妙なことが起こる。そのときは「弾丸が先に的に当たって、それから後戻りして銃口の中に入っていく」ことになるだろう。とすれば、この比喩からも明らかなように、「タキオンの存在は絶対にありえない」ことになる。なぜなら、「光速を超えると、時間の方向が逆転して、因果律（原因と結果の関係）が破れる」ことになるからである。いいかえれば、

「タキオンの存在を認めれば、原因が結果よりも後にやってくることになり、因果律が崩壊す

る」

からである。とすれば、このことからも明らかなように、

「マクロの世界のこの世では、いかなる物体も光速を超えることは絶対にできないとする、特殊相対性理論は正しい」

ことになる。

しかし、はたしてそうであろうか。「ミクロの世界」では、答えは「否」である。なぜなら、特殊相対性理論が対象とする「マクロの世界」では「因果律」は光速以下で運動するすべての物体については確かに成立するが、量子論の対象とする「ミクロの世界」では「因果律は関係がない」ことになるからである。そのよい例としてあげられているものが、前述の「アスペの実験」である。それによると、

「過去に関係があった一対の粒子のうち、片方の粒子の物理量を観測すると、もう一方の粒子の物理量は、両者がどれだけ遠く離れていても瞬時に予想することができる」（量子テレポーテーション）

という実験例である。この例の意味は、

「一対の粒子のうち、第二の粒子の物理量は、第一の粒子の物理量だけを観測することによって、両者がどれだけ遠く離れていても、瞬時に判明する」

ということである。いいかえれば、

「二つの中の一方を観測すると、両者がどれだけ遠く離れていても（たとえば宇宙規模で離れていても）、他方は瞬時に第一の観測値に対応した値をとる」

ということである。とすれば、そのことは、

「第二の粒子は、第一の粒子の観測結果をあらかじめ知っているはずはないのであるから、第二の粒子の実在は第一の粒子で観測される実在に依存している」

ことを意味していることになる。これは、

「何か（隠れた変数）が、第一の粒子を観測した場所から、第二の粒子のある場所へ瞬間移動して瞬時に情報を知らせる」

ことを意味している。量子論によれば、

「その何かは、光速よりも速く運動しなければならない」

ことになる。ところが、

「そのように光速よりも速く動く何かは、特殊相対性理論では説明がつかない何かである」

ことになる。量子論が暗示するところによれば、それは、

「過去に一度接触を持つと、その接触が途切れてしまった後でも、物体間には特別な相関（非局所性）が存在することになる」

という。ちなみに、このような「量子的相関」（非局所性）は「コルシカの双子の兄弟の寓話」によく似ているという。それによると、双生児であった二人は、別れた後、どれほど遠く離れて

いても「非局所性」によって繋がっていて、お互いに「相手のことを知っている」のと同じような関係にあるという（参考文献16）。それこそが先の絵画の例でも述べたように、「電子は〈人間の外部〉にだけ存在するのではなく、〈人間の内部〉にも存在していて〈非局所性〉を有しているので、双子の兄弟がどんなに遠く離れていても、〈心を持った電子〉によって結ばれていて〈以心伝心〉であるから、互いが相手のことをよく知っている」
ということであろう。

ところで、ここで問題は特殊相対性理論にいうように、もしも「光速度が一定不変」であるならば（光速度不変の法則が成立するならば）、空間と時間の尺度は一定不変ではありえないということである。なぜなら、空間も時間も「相対的」であるからである。それは、どんな時間間隔も他の観測者から見れば、長かったり短かったりするということである。同様に、空間的な長さや距離についても同じことがいえる。その意味は、

「運動している時計はゆっくりと時を刻み、運動している物指しは縮む」

ということである。それゆえ、観測者から見て、

「物体が速く動けば動くほど、時計の進み方は遅くなり、物指しは短くなる」

ということである。ゆえに、このような「相対性」にとっての限界は「光の速度」である。その意味は、

「光子時計（光が持っている時計）があるとすれば、その時計は原理的には、時間が経過しないところまで遅くなるから、その時計で観測すれば、一点から他点へと進む距離はゼロになる」

ということである。したがって、

「光にとっては、一点から他点へと進む距離は、同じ点での今のようにみえる」

ということになる。その意味は、

「光速を超えると、時間も空間も自由になるから（双方向になるから）、物体や意識（人間やその意識）は時間と空間の束縛から解放されて完全に自由になり、過去へでも未来へでも任意の時間に立ち寄ることができるし、空間のどこへでも瞬時に行くことができる」

ということである。そうであれば、

「光速を超えると、生前の世界（過去の世界）へも、死後の世界（未来の世界）へも瞬時に行ける」

ということになる。その意味は、

「光速を超えると、宇宙の中のすべての点が自分の家になる」

ということである。とすれば、それこそは、

「時間や空間にとらわれない、〈自由自在〉な〈タイムトラベル〉の実現をも意味することになる」

といえよう。この点については、後の補論の「タイムトラベルは可能か」のところでも再度述

べることにする。

10 未来が現在に影響を及ぼす（共役波動の原理）

量子論にいう「量子波動」とは、静かな池へ石を投げたさいに発生する波と同様に、ある場所から出発して空間を伝播《でんぱ》してゆく波を想像すればよいという。しかも、その波動は、広がっていく一つの円と考えることができるともいう。

この例では、石を投げて生じた波動と「複素共役関係」にある波動は「共役波動」と呼ばれるが、それは池の周辺から発生したものと考えることができる。その共役波動には元の波動と比べて一つだけ大きな違いがあるという。それは、

「共役波動は〈時間を逆行〉する」

ということである（参考文献17）。なぜなら、共役波動は元の波動が池の周辺に到達した瞬間に、池の周辺から出発するからである。しかも、その波は最初の波の源に向かって絶えず「収縮していく円」のように見える。そして、その波は少し前に池の中に落とした元の石の所へと帰っていって崩壊することになるという。それが、量子論にいう、

「未来が現在に影響を及ぼす」

との意味である。とすれば、この考えは特殊相対性理論にいう「時間ループ」の考えとも、

「メビウスの帯（輪）の理論」とも共通するものがあるといえよう。

11 この世はすべてエネルギーの変形である（波動と粒子の相補性）

量子論が進歩するにつけ、

「素粒子は、もはや物質の主要な構成単位とは考えられなくなってきた」

ということが明らかになった。それが意味するのは、

「素粒子は質量は持っているが、不滅の物質的実体ではない」

ということである。加えて、アインシュタインの相対性理論にいう「エネルギーと質量の等価の式」（$E=mc^2$）によっても、

「質量（m）は実体とは無関係なエネルギー（E）の変形（パターン）であり、運動を引き起こすダイナミックな量である」

ことが明らかにされてきた。その結果、

「素粒子は質量を持っているが、その質量はエネルギーの変形であるから、結局、素粒子は物質の主要な構成単位ではなく、単なるエネルギーの変形にすぎない」

ことも明らかにされた。

もともと、素粒子に対するこのような見方は、電子の運動に関する「ディラックの理論」に始

まったとされているが、この理論でとくに重要な点は、

「物質と反物質という基本的な対称性が明らかにされた」

ということである。具体的には、ディラックの理論によって、

「電子（物質）と質量を同じくし、反対の電荷を持つ反電子（反物質）が存在するという対称性が明らかにされた」

ということである。この反電子は、今日では「陽電子」と呼ばれているが、

「この物質と反物質の対称性こそは、それぞれの粒子には、質量が等しく反対の電荷を持った反粒子が共存しているとの〈自然の二重性原理〉の存在を示唆《しさ》している」

ということであり、それによって、

「エネルギーが十分にあるときには粒子（物質）と反粒子（反物質）が生成されるが、その粒子（物質）と反粒子（反物質）が消滅すると純粋なエネルギーに還る」

ことが解明された。

事実、ミクロの世界では、このような粒子の生成と消滅の過程はすでに頻繁に観察されており、これより、

「粒子（万物）は、純粋なエネルギーから生成され、純粋なエネルギーとなって消滅する」

ことが明らかにされた。この意味は、

「粒子（万物）は独立した存在ではなく、全体との関連によってのみ存在している〈エネルギー

の変形〉にすぎない」

ということである。つまり、それを一言でいえば、

「〈粒子からなる万物〉は独立した存在ではなく、〈エネルギー（波動）の多様な変形〉にすぎない」

ということである（粒子性と波動性の相補性）。とすれば、

「〈万物からなる宇宙〉もまた、不可分なエネルギーが織りなすダイナミックな〈エネルギーの変形〉（エネルギーの織物、エネルギーの波動）にすぎない」

ということになる（宇宙の相補性原理）。

そればかりか、前述のディラックの「物質と反物質の対称性の理論」を契機に、物質（素粒子）の分割に関しても、次のような驚くべき事実が明らかにされた。すなわち、

「物質（素粒子）は破壊可能であると同時に、破壊不可能である」

ということである。よりわかりやすくいえば、

「高エネルギーを持った二つの物質（素粒子）が衝突すると、物質（素粒子）は破壊されるが、破壊されてできた物質（素粒子）は衝突過程での運動のエネルギーによって元の物質（素粒子）と同じレベルの別の物質（素粒子）になる（変形する）」

ということである。つまり、

「衝突の過程で、二つの物質（素粒子）のエネルギーは再配分され、新しいパターンの別の物質

（素粒子）が形成される」

ということである。ゆえに、これより、再び次のような重要な事実が明らかにされた。すなわち、

「物質は何回も分割できるが、素粒子よりは小さく分割できない。それより小さく分割すればすべてエネルギー（波動）に還る（粒子性と波動性の相補性）」

ということである。このようにして、結局、

「この世の万物は、すべてエネルギーの変形にすぎない」

ことが理論的に解明された。とすれば、私は、以上を総じて、

「量子論こそは、万物の根源であるエネルギーの素粒子を通じて、この世の森羅万象《しんらばんしょう》（生や死や、生命や心などをも含めて）を解明するうえでの〈基礎理論〉である」

と考える。私が、本書において、

「量子論の観点から、見えない世界の〈心の世界〉を取りあげる」

のはそのためである。

12　宇宙の意思が波動を通じて万物を形成する（波動の理論）

すでに繰り返し述べたように、最新の量子論が取り扱っているミクロの世界は「ナノメートル

の世界」、すなわち一〇億分の一メートルの世界である。その極微の世界を覗いてみてわかったことは、

「万物の根源は素粒子であるエネルギーの波動（波動性）であり、そのエネルギーの波動の世界が、次第に密度を濃くしながら、やがて物質の世界へと転化していく（粒子性）」

ということであった。そのさい、私は、

「そのエネルギー波動が、人間をも含めて、どのような物質に変化するかは、そのネルギー波動に刻み込まれた〈先験的宇宙情報〉としての〈宇宙の意思〉（宇宙の目的、神の意思）によって決まる」

と考える。いいかえれば、私は、

「そのエネルギー波動に〈刻印〉された先験的宇宙情報としての〈宇宙の意思〉（神の意思）によって、〈素粒子のエネルギー〉は人間をも含めていろいろな〈万物〉へと変化していく」

と考える。逆にいえば、

「この世の万物は、エネルギー波動に〈刻印〉された先験的宇宙情報としての〈宇宙の意思〉（宇宙の目的、神の意思）によって〈いろいろな姿〉をとる」

ということである（参考文献18）。このようにして、結局、私は、

「この世の万物は、人間をも含めて、〈宇宙の意思〉（神の意思）が〈刻印〉された〈エネルギー波動の変形〉にすぎない」

と考える。いいかえれば、

「この世の〈万物〉は、人間をも含めて、〈宇宙の意思〉（神の意思）の〈発現形態〉にすぎない」

と考えるのである。


よく知られているように、元素を「原子番号順」に並べると化学的な性質が周期的に変化する。それが、いわゆる「元素の周期律」であるが、化学者は、

「この世のあらゆる現象は周期律表の中にある」

という。そのことを私なりに解釈すれば、

「現在、見つかっている自然の元素は一〇八種とされているが、その一つひとつの元素が、宇宙の意思（宇宙の目的、神の意思）によって、それぞれ波動的に何らかの意味（情報）を負荷されており、あらゆる現象や万物の形成に深く関わっている」

ということになる。そうであれば、そのことはまた、

「それら一つひとつの元素に、先験的宇宙情報としての宇宙の意思（神の意思）が、波動エネルギーを介して刻印されていて、それらの元素が密度を濃くしていく過程で、それぞれの宇宙の意思（神の意思）に添っていろいろな姿や形をとり、あらゆる現象や万物の形成に深く関わっている」

ということになろう。それは、ちょうど私が先にも述べた、

「量子論からみた絵画の例」

とも類似していると考える。とすれば、次に解明しなければならない重要な点は、そのような「波動エネルギー」とはいったい何かということである。一般に、

「エネルギーとは力のことであり、森羅万象の根源ともいうべきものであるから、それは物質や精神をも含めた森羅万象の存在の証《あかし》となる単位である」

とされている。

では、その万物の根源の「エネルギー」と「波動」とがどのような関係にあるかを、次に「音《おん》叉《さ》」の例によって比喩的に説明してみよう（参考文献19）。ただし、以下の議論において、とくに誤解なきよう注意しておきたい点は、

「音叉のようなマクロの世界の波は〈現象波〉（衝撃波動）であって、ミクロの世界の電子の波のような〈確率波〉としての〈量子波動〉ではない」

ということである。その意味は、

「マクロの世界の音の波は、空気の波であり、空気中の成分の濃淡によって伝わっていく〈現象の波〉であるが、ミクロの世界の電子の波は、電子そのものの波（波動性）としての〈確率の波〉であり、同じ波でも、マクロの波とミクロの波はまったく違う波である」

ということである。

このことを念頭において、以下、「音叉の波」を例に「波動」について考える。ここにAとB

とCの三つの音叉があり、そのうちの音叉Aと音叉Bの二つは同じ周波数に設計されているとする。たとえばハ長調の「ラの音」の周波数の四四〇ヘルツに設計されているとする。これに対し、もう一つの音叉Cの周波数は四四五ヘルツに設計されているとする。

このようにしておいて、いま音叉Aを叩くと、離れた位置におかれている音叉Bはすぐにそれに反応して振動し「共鳴音」を出すが、音叉Cはまったく反応せず何の音も出さない。そのさい注意すべきことは、音叉Aは人間が「力」（エネルギー）を加えたから音を出したが、音叉Bは「力」を加えていないのに音波（波動）によって「共鳴」して音を出したという点である。もちろん、そのさい、音叉Aと音叉Bの間には何も連結しているものはない。ということは、音叉Aから出た「音波」という見えない「波動」が同じ周波数の音叉Bを振動させて共鳴音を出させたことになる。とすれば、

「波動は力（エネルギー）である」

ということになる。

そこで、次に同じ周波数の四四〇ヘルツの音叉Aか音叉Bのいずれでもよいから、それらの音叉に対し、「音階」をソの音、ファの音、ミの音、レの音、ドの音、シの音というように順次下げていくと、それらの場合は、どちらの音叉も何の音も出さない。

ところが、次のラの音、したがって最初のラの音より一オクターブ低いラの音になると、その場合は、音叉Aも音叉Bも共鳴音を出す。一オクターブ（七音階）の差ということは、半分の周

波数ということであるから、この例では四四〇ヘルツの半分の二二〇ヘルツということになる。そして、さらに一オクターブ低い音、すなわち一一〇ヘルツのラの音にまで下げると、この場合も四四〇ヘルツの音叉Aも音叉Bも共鳴音を出す。もちろん逆に四四〇ヘルツよりも一オクターブ高い周波数の八八〇ヘルツの音に上げても、四四〇ヘルツの音叉Aも音叉Bも共鳴音を出す。ゆえに、以上を通じてわかることは、

①四四〇ヘルツの周波数の音叉に対しては「ラの音」しか共鳴しない。それゆえ「ラ音の周波数」（ラ音の波動）しか「エネルギー化」しない。

②しかも、そのようにエネルギー化するのは、四四〇ヘルツの周波数だけではなく、この数字の「倍数の周波数」（たとえば八八〇ヘルツ）も「約数の周波数」（たとえば二二〇ヘルツ）も「エネルギー化」する。

③人間の感覚で捉えられる範囲内では、基本的な「波動の種類」は「七つ」しかない。

ということである。とすれば、前述の音叉の例が示唆する重要性は、

「波動には、衝撃波動や量子波動の如何を問わず、〈何らかの重要な意味〉が隠されている」

ということになろう。その意味を、私は、

「波動には、マクロの世界、ミクロの世界を問わず、先験的宇宙情報としての重要な〈宇宙の意

思〉（神の意思）が隠されている」

と考える。

このような「私見」とも関連していると思われる、もう一つの興味深い例を以下にあげておこう。それは一九八九年にアメリカの科学雑誌の『21 CENTURY』に掲載された、ウォーレン・J・ハマーマンの「DNA音叉」という論文である。それによると、彼は、

『人間の肉体を構成するすべての有機物（物質）が出している周波数の範囲をオクターブに換算すると、四二オクターブに分けられる』

という。とすれば、そのことは、

「人間の体を構成する〈秘密の鍵〉（宇宙の意思、神の意思）は、波動的には、わずか〈七つの音階〉（七つの周波数）の中に〈隠され〉ている」

ということになろう。これが「オクターブの法則」である（岩波『理化学事典』の「オクターブ」の項を参照）。なお、この法則は、一八六四年にイギリスの化学者のニューランズが、当時、『既知の元素を原子量の順に配列すると、八番目（七つ間隔、それゆえ一オクターブ）ごとに性質の類似する元素が出現する』

ことを発見し、そのように呼んだことに因《ちな》んでいる。しかも、その数年後には、J・L・マイヤーとメンデレーエフが「元素の周期律」を発見し、その意義が非常に高く評価されることになった。とすれば、私には、

「〈七という数字〉には、何らかの重要な〈宇宙の秘密〉（重要な先験的宇宙情報、重要な宇宙の意思、重要な神の意思）が隠されている」

ように思われてならない。そういえば、

「光も〈七色〉に分光されるが、そのことも また決して偶然ではなく、何らかの重要な宇宙の秘密（宇宙の意思、神の意思）によるものではなかろうか」

と思われる。

そればかりか、「波動」に関連して、前記のような「科学的な面」からの考察とは別に、「思弁的な面」からの考察でも、私の思い当たることは、音楽（それは波動そのもの）を乳牛に聞かせるとよく乳が出るとか、草花に聞かせるとよく花が咲くとかいわれるのも、前記のように、「波動」が「宇宙の意思・心」の「伝達媒体」であることとも関係しているのではなかろうか。事実、音楽でもとくに「クラシック音楽」の、なかでも「モーツァルトの音楽」が「効果的」であるといわれているが、もしもそうであれば、「宇宙の心（神の心）が音楽となって、自然と泉のように湧き出てきた」といわれている「天才・モーツァルトの音楽」こそは、「声なき宇宙の声」（声なき神の心）をこの世に伝える「伝達媒体」としての「癒しの波動」、それゆえ「癒しの気」であるからではなかろうか。

また、同じく「思弁的」な観点から、もう一つ私見をいえば、『旧約聖書』では、「神は七日間で宇宙を創られた」とされているが、この聖句にも同様に、人間には計り知れない「波動」を通じての「宇宙の意思」(神の心)が隠されていると思えるのである。

以上は、「波動の持つ意味」について、それを「音」(周波数)の観点から考察した例であるが、次にその同じ「波動」を、まったく違った「物の形」の観点からもみておこう。

それは、「人の顔」(その形)が出している「波動」などにもみられよう。人間の顔は誰もが「違った形の顔」をしているが、それは、人間は誰もが「違った波動エネルギー」(いわゆる「気」)を出しているということである。たとえば、細形で逆三角形の顔の人は鋭い感じを与える「気」を出しているし、丸形の顔の人は円満な感じを与える「気」を出しているし、角形の顔の人は硬い感じを与える「気」を出しているなどがそれであるが、それは私たちの一人ひとりが、それぞれ「違った形の顔」をしていて「波動的に個別化」(個性化)されていることをも意味している。

その証拠に、人は誰でも相手に会ったときには、まず必ず互いに「相手の顔」を見るが、それは相手の顔が出している波動(気、心、個性)と、自分の顔が出している波動(気、心、個性)を互いにチェックし合って、互いの波動(気、心、個性)が合うか合わないかを確認しているということである。

そのさい、互いの顔の出している波動が合えば、二人は互いに「共鳴」し合って「気が合い」(心が合い、個性が合い)好きになれるし、波動(気)が合わなければ、二人は互いに「反発」し合って好きになれない。それこそが、俗にいう「相性が良い、悪い」の問題といえよう。

このようにして、私たちは日々の身近な生活の中でも、知らないうちに、つねに「波動」の恩恵や支配を受けていることになる。

以上を総じて、私のいいたいことは、結局、「〈波動〉こそは、〈宇宙の意思〉〈神の心〉と〈人間の意思〉〈人間の心〉をつなぐ〈心の絆〉それゆえ〈心の架け橋〉である」

ということである。私が、本書において、「心の問題」として、「波動の理論」を取り上げる理由はそこにある。

13　祈りは願いを実現する

「誰も風を見た人はいない。それでも誰も風の存在は疑わない」

であろう。それと同様に、

「誰も神を見た人はいない。それでも誰も神の存在は疑わない」

であろう。私は、そこにこそ「神を信じる人の祈り」としての「宗教」が生まれたと考える。

しかも驚くべきことに、

「量子論は、ついにその〈祈り〉が単なる宗教儀式ではなく、〈現実を創造〉し、〈願望を実現〉することを〈科学的〉に立証した」

といわれている。その意味は、

「この世の〈ありとあらゆるもの〉は、すべて〈人間の意識〉（心）が創り出している〈想念の世界の産物〉であるから、〈人間の祈り〉（想念、心）によって〈現実を創造〉すれば、〈願望を実現〉することができる」

ということである。それゆえ、

「祈りは願いを実現する」

ということになる。もともと、

「祈りとは、宗教が対象とする至高の存在（神、佛）に向けて、人間が願い（思念、想念）を集中すること」

であるが、その祈りは全人類を通じて、古代から現代に至るまで連綿として継承されてきた。なぜなら、それは、

「〈人間〉には〈心〉があり、心があれば〈悩み〉が生まれ、悩みが生まれれば〈神〉に縋《すが》りたくなり、神に縋りたくなれば〈祈り〉たくなり、祈りたくなれば〈宗教〉が生まれる」

からである。とすれば、この事実こそは、

「祈りが宇宙の意思（神の心）を通じて願望を創造（実現）することを、人間自身が暗黙裏に認めてきた（信じてきた）証である」

といえよう。このことを「量子論の立場」から、私なりに解釈すれば、

「祈りには〈空間〉（森羅万象を生み出す母体）が大きく関与していて、その空間に〈人間の祈り〉（人の想念、心）が〈電子〉（その波動）を介して〈同化〉すると、そこに〈素粒子の心〉にも変化が生じ、それによって〈願望の事象〉が生まれ（波束が収縮し）、〈祈りが実現〉する」

ということになろう。このようにして、私は、

「〈人の祈り〉は宇宙空間を通じて、〈人の願い〉を〈実現する〉ことを〈科学的〉（量子論的）に立証しえた」

と考える。そればかりか、このことはまた、

「〈宗教〉の〈存在意義〉の重要性をも〈科学的〉に立証しえた」

ことになると考える。

以上が、「祈りは願いを実現する」という「量子論の主張」についての私の理解であるが、同じことを、さらに「宗教論の観点」からも考えれば、佛教でも、

「三界は唯心《ゆいしん》の所現」

すなわち、

「三界（現世、この世）は、人の心の現れにすぎない」

と説いているが、その意味は、

「この世は、人の心が創り出した意識（想念）の世界にすぎない」

ということである。とすれば、そのことはまた、量子論の主張する、
「この世は、人の意識が創り出した想念の世界である」
とも完全に一致することになる。そうであれば、量子論と同様、宗教（佛教）によっても
「人は祈り（想念、心）によって、現実を変え、願いを実現することができる」
ということになる（参考文献20）。このようにして、私は、ここでも「東洋の神秘思想」（佛教）
と「量子論」の「近さ」を思い知らされる。
そこで、このような「両者の近さ」について、以下に改めて私見を付記すれば、それはアイン
シュタインが、
「ネズミ（人間を比喩）が見つめただけで（ネズミの意識、ネズミの心だけで）、この世が変わるな
どとはとうてい信じられない」
との揶揄によって、量子論の主張する、
「人間の意識（心）によって、この世は変わる」
に対し猛烈に反論した点についてである。
佛教ではその根本思想の一つに「輪廻転生《りんねてんしょう》の思想」があるが、この思想では、人間は死ねば
天人、人間、動物、地獄の生き物のいずれかに再生し、それを永劫《えいごう》に繰り返すと説き、人間はこ
の輪廻から抜け出さないかぎり（解脱《げだつ》しないかぎり）、地獄、餓鬼《がき》、畜生、修羅《しゅら》、人間、天上の
「六道《ろくどう》」の間を永遠に輪廻転生することになると説く。

ところが、佛教では、この「六道」よりもさらに上位に「輪廻転生の世界」を超えた「悟りの世界」（意識の世界、想念の世界）としての、声聞《しょうもん》、縁覚《えんかく》、菩薩《ぼさつ》、佛の「四聖道」があると説き、その「四聖道」（悟りの世界、祈りの世界）へ行けるのは「人間だけである」として、その「特権」を「人間以外の生物」には与えていないのである。その意味は、「佛教では、この世のすべての事象は四聖道の特権を与えられた人間の意識だけで創り出されているから、アインシュタインのいうような四聖道の特権を与えられていないネズミのような人間ではこの世は変わらない」

ということである。

以上を総じて私のいいたいことは、

「量子論によれば、ミクロの世界のあの世では、人間の意識（心）によって、その現実は瞬時に姿を変えるから（波束の収縮）、基本的には、そのミクロの世界によって構成されているマクロの世界のこの世でも、ミクロの世界のあの世の法則（コペンハーゲン解釈）に支配され、人間の意識（祈り）によって、この世の現実を変え（創造し）、願いを実現することができる」

ということである。

そして、いみじくも、そのことを二〇〇〇年も前に説いたのが、次のキリスト教の『新約聖書』の聖句である。すなわち、

『イエス答えて言い給う。神を信ぜよ。誠《まこと》に汝《なんじ》らに告ぐ、人もし此《こ》の山に「移りて海に入れ」と

言うとも、その言うところ必ず成るべしと信じて、心に疑はずば、その如く成るべし。この故《ゆえ》に汝らに告ぐ、凡《すべ》て祈りて願う事は、すでに得たりと信ぜよ、然《しか》らば得べし』（『新約聖書』マルコ伝第一一章二二～二四節）

と。そうであれば、私は、二〇〇〇年も前にバイブルに説かれた、

「祈りは願いを実現する」

という、この聖句の正しさが、二〇〇〇年後の今日に至って、ようやく「量子論」によって「科学的」に「立証」されることになったと考える。

そこで、このことに関連して、ここで改めて視点をかえ、後に述べる「宿命と運命」の観点からも「祈りは願いを実現する」について、私見を追記すれば、私は、「あの世（ミクロの世界）での多様な確率的な可能性の〈宿命〉が、〈波束の収縮〉によって、この世（マクロの世界）での唯一の現象（実在）として顕現したのが〈運命〉であると考えるから、〈祈り〉によって、あの世での〈宿命〉を、この世で〈波束の収縮〉によって変えれば、この世での〈運命〉も変えることができるので、〈祈り〉によって〈願い〉（運命）を叶えることができる（実現できる）」

と考える。この点については、すでに「アスペの実験」でも、「相補性原理」でも、私見を明らかにした。

以上が、私の「祈りは願いを実現する」との見解であるが、この点に関連してさらに心理学者のバス教授の理論についても私見を追記すれば、彼は、

『人間のニューロンには数十億の原子レベルの意識が含まれており、それらが人間の心となって、原子、分子、細胞、組織、筋肉、骨、器官などで観測を行っている』

という。もしそうであれば、

「人間の心は、物事を原子レベルで感知することができる」

ということになる。もちろん、これは「注目すべき見解」である。なぜなら、

「原子レベルといえば、それは潜在的な実在（祈り、宿命）が、波束の収縮によって、顕在的な実在（運命）に変わる素粒子レベルのことであるから、このバスの理論は、量子論の観点から見た、前述の私の〈祈りは願いを実現する〉との考えとも通じることになる」

からである。

以上を総じて私は、

「人間の〈祈り〉が〈波動〉を介して空間に〈同化〉すると、そこに祈りとしての〈宿命〉が生まれ、それが同じく〈波動〉を介して時間の経過とともにこの世に運ばれると、それが人間による〈波束の収縮〉によって現実の事象としての〈運命〉になり、祈りは〈実現〉する」

と考える（図3-4を参照）。それゆえ、私は、

「〈祈り〉とは単なる宗教儀式ではなく、〈人間の願望〉を実現するために必要な〈人間の心の在り方の問題〉である」

と考える。そして、この考えこそが、私の主張する「量子宗教」（著者造語）の意味である。なお、この「量子宗教」について詳しくは、私の前著の『見えない世界を科学する』を参照されたい（参考文献21）。

以上のようにして、私は、

「祈りは願いを実現することを、量子論的見地から〈科学的〉に立証しえた」

と考える。とすれば、これこそは、本書の課題とする、

「〈量子論による心の世界の解明〉への〈一つの解答〉である」

ともいえよう。

ところが残念ながら、現実には、

「祈りは必ず願いを実現する」

とは思えない。なぜだろうか。私見では、それには主として次のような理由があるからではなかろうか。

一つは、マクロの世界のこの世に住む私たちが、「祈り」によって、ミクロの世界のあの世で選択したことが（それが「願いとしての宿命」）、時間の流れるマクロの世界のこの世に時系列順に

運ばれてきたのが、その時々の「現実としての運命」である。ところが、残念ながら、私たちは自身がミクロの世界のあの世で、祈りによって選択したこと（宿命）と、それがマクロの世界のこの世に時系列順に現れてきたこと（運命）との「相補性」についてはまったく気づくことができない」から、その「違い」が私たちにとっては「祈りは願いを実現するとはかぎらない」と映るのではなかろうか。

二つは、私たちこの世に生きる一人ひとりはすべて「異なる願い」を持っているから、それらの多くの「異なる願い」は、多くの場合、互いに「背反」したり、「競合」したりしているはずであるから、もしもそれらの多くの人々の「すべての願い」が「祈り」によって「すべて実現」したとすれば、そのとき、社会は「大混乱」に陥ることになるから、「宇宙の意思」によって、そうならないようになっているのではなかろうか。

以上のような理由から、私は、

「いまだ隠された宇宙の意思」（いまだ知られざる神の意思）によって、祈りはすべての人々の願いをすべて実現することはできないようになっている」

のではないかと考える。そうであれば、私は、

「その隠された宇宙の意思（神の意思）とは何か」

を探ることもまた、

「心の世界の解明を目指す、量子論にとっての重要な課題の一つ」

ではなかろうかと考える。

14 量子論が解き明かす世界観

以上は、「量子論が解き明かしてきた数々の不思議な世界」、なかんずく「コペンハーゲン解釈の世界」について見てきたので、最後にその要点を箇条書きにして「総括」しておく。

(1)この世が存在するかぎり、必ずあの世も存在する（自然の二重性原理と相補性原理）。
(2)あの世とこの世はつながっていて、しかもあの世がこの世へ投影されている（自然の二重性原理と相補性原理、ベルの定理とアスペの実験）。
(3)この世とあの世は、その境界領域において互いに干渉し合っている（ベルの定理とアスペの実験）。
(4)この世が虚像で、あの世が実像である（自然の二重性原理と相補性原理）。
(5)物質世界のこの世が空間世界のあの世に変わり、空間世界のあの世が物質世界のこの世に変わる（状態の共存性と相補性原理）。
(6)人間はなぜ生きているうちは見えるのに、死ねば見えなくなるのか（自然の二重性原理と相補性原理）。

(7)人間にとって、あの世の宿命は、この世の運命である（相補性原理）。
(8)人間の意識がこの世（現実の事象）を創造する（波束の収縮性原理）。
(9)万物は空間に同化した存在である（波動性と粒子性、および同化の原理）。
(10)空間のほうが物質よりも真の実体であり、空間こそが万物を生滅させる母体である（波動性と粒子性、および同化の原理）。
(11)万物は観測されるまでは実在ではない（波束の収縮性原理）。
(12)未来が現在に影響を及ぼす（共役波動の原理）。
(13)素粒子はあらゆる形状や現象を生み出す素因である（波動の原理）。
(14)この世はすべてエネルギーの変形である（ディラックの原理と波動の原理）。
(15)宇宙の意思が波動を通じて万物を形成する（波動の原理）。
(16)祈りは願いを実現する（波動の原理と波束の収縮性原理）。

第三部

あの世とこの世の関係

第二部では、人類にとって、もっとも知りたくてもっともわからない「見えない心の世界の解明」、いわゆる「コペンハーゲン解釈」について述べたので、この第三部では、同じく人類にとって、もっとも知りたくてもっともわからないもう一つの「見えない心の世界のあの世と、見える物の世界のこの世の関係」、いわゆる「あの世とこの世の相補性」について述べることにする。

もちろん、この「相補性の問題」は、すでに第二部でも「見える物質世界のこの世が見えない空間世界のあの世に、見えない空間世界のあの世が見える物質世界のこの世に変わる」、および「ベルの定理とアスペの実験」によってもそれぞれ説明したが、いま、そのことを再度「ベルの定理」によって説明すれば、

「ベルの定理は、それをどのように再定式化しても、〈ミクロの心の世界のあの世〉が〈マクロの物の世界のこの世〉へ〈投影〉されていて、両者が〈相補関係〉にあることを立証していることは間違いない」

ということであった。しかも、そのことを「科学実験」によって立証したのが「アスペの実験」であった。繰り返せば、

「ベルの定理は、それをどのように再定式化しても、〈見えない心の世界のあの世〉と〈見える物の世界のこの世〉は〈重なり合って共存〉していて〈状態の共存性〉、しかも〈相補関係〉にあることを立証していることは間違いなく、アスペの実験はそのことを〈科学実験〉によって立証した」

ということであった。そこで、この第三部では、そのことをさらに視点を大きくかえて、「相対性理論」と「量子論」の両方の観点からも改めて確認することにする。

いうまでもなく、私たち人類にとって「心の世界のあの世と、物の世界のこの世の関係」、いいかえれば「死後の世界のあの世と、生の世界のこの世の関係」ほど「もっとも知りたくてもっともわからない問題」はなかろう。なぜなら、それは、

「死後の世界のあの世と、生の世界のこの世は〈表裏一体関係〉にあって、しかも〈相補関係〉にある」

からである。その意味は、

「〈表裏一体〉で〈同化〉していて、しかも〈相補関係〉にあるものほど解明は難しい」

ということである。それを比喩すれば、

「地球に住んでいる人間にとっては、自分が住んでいない隣の銀河のアンドロメダの姿は、地球と同化していなくて、しかも相補関係にないから、客観的に観測できるので〈本当の姿〉が解明できるが、自分の住んでいる銀河系の姿は、地球と同化していて、しかも相補関係にあるから、客観的に観測できないので〈本当の姿〉は解明できない」

ということである。よりわかりやすく比喩すれば、

「二次元平面の〈影〉からは、それと同化していて相補関係にある三次元空間の〈本物〉の姿は

わからない」

のと同じである。つまり、私のいいたいことは、「四次元世界のあの世と〈同化〉していて、しかも〈相補関係〉にある三次元世界のこの世に住む人間にとっては、四次元世界のあの世のことは〈客観的〉（科学的）に理解できないから解明が至難である」

ということである。そのような中にあって、この困難な問題の解明に挑戦してきたのが、「古くは東洋の〈思弁的〉な神秘思想の〈佛教〉（東洋の直観）であり、近くは西洋の〈論理的〉な科学の〈相対性理論〉や〈量子論〉（西洋の論理）である」

といえよう。それゆえ、以下においては、このような見地に立って、第三部の課題とする「あの世とこの世の相補性」について、それを「東洋の思弁的な思考実験」の「古代神秘思想」（佛教や禅など）と、西洋の「思弁的理論的な思考型科学実験」（相対性理論や量子論など）の両面からそれぞれ解明し、あわせて「ベルの定理とアスペの実験の正当性」をも検証することにする。

一　あの世とこの世の相補性（その一）

1　相対性理論から見た、あの世とこの世の相補性

すでに述べたように、これまでの西洋の自然観（宇宙観）は「ニュートン力学の宇宙モデル」を基盤としており、しかもこの自然観は三世紀にわたり「西洋科学の揺るぎない基盤」となってきた。そのニュートンモデルでは、

「空間は三次元であり、しかもそれは常に静止した不変の絶対空間である」

と考えられてきた。ゆえに、ニュートンモデルでは、すべての物理現象はこの「絶対空間」を舞台に生起し、そこで発生する物理現象は「時間」という別次元で捉えられてきた。ということは、ニュートンモデルでは、

「絶対空間と同様に、時間もまた過去から現在を経て未来に向けて無限に流れる絶対時間である」

と考えられてきたということである。そればかりか、

「これらの絶対空間と絶対時間の中を運動する要素は、すべての物質を構成する物理的な粒子（原子）で、小さくて不可分な剛体である」

と考えられてきた。そのため、この「粒子」は数式上では「質点」として取り扱われてきた。

ということは、ニュートンモデルでは、

「空間と時間と物質は完全に区別され、その物質は不可分で剛的で静的な粒子からなり、しかもそれらの粒子間に働く力は、粒子の質量と粒子間の距離のみによって決まる」

とされてきた。しかも、

「その粒子間に働く力こそが引力である」

と考えられてきた。ニュートンモデルが「引力モデル」と呼ばれる所以はそこにある。このようにして、ニュートン力学では、

「すべての物理現象を、引力によって引き起こされた質点の空間的な運動に還元する」

ことになっている。それが、いわゆる「ニュートンの運動方程式」であるが、そこでは、

「宇宙という巨大な機械は、ニュートンの運動方程式の因果律によって支配され、そこで起こるすべての自然現象には必ず原因と結果がある」

とみなされることになった。そして、その「因果関係」に哲学的な基礎を与えたのが、デカルトの「物心二元論」の「自我の哲学」であり、それによって、

「宇宙は〈人間〉とはまったく別の〈心〉を持たない〈無機物〉で、多くの物体が集合した〈巨大な機械〉にすぎない」

との「機械論的宇宙観」（無機物論的自然観）、それゆえ「無神（心）論的自然観」が生まれることになった。このようにして、デカルトの「自我の哲学」によって、「〈心を持つ人間〉（自我）と、〈心を持たない物質〉が完全に〈分離〉され、〈人間世界〉（観察者の心の世界）と〈物質世界〉（観察対象の物質の世界）が完全に〈分離〉し〈対立〉する、いわゆる西洋の〈物心二元論〉の自然観が生まれる」

ことになった。ということは、

「〈物心二元論〉の〈西洋科学〉の出現によって、二〇〇〇年以上も前から〈東洋神秘思想〉の説く、〈心の世界〉と〈物の世界〉の一体化した〈物心一元論の自然観〉が完全に否定されることになった」

ということである。

その結果、一九世紀の物理学者の間では、

「〈宇宙〉はニュートンの運動法則に従って動く〈巨大な力学システム〉で、それを支配する〈ニュートンの運動法則〉こそが〈宇宙の基本法則〉（自然の本質）である」

と固く信じて疑われなくなった。

ところが、それから一〇〇年も経たないうちに、次々と新しい物理学理論が発見され、その結果、ニュートン力学には「限界」があることが明らかにされるようになり、「ニュートン力学は宇宙の法則（自然の法則）ではあるが、決して宇宙の基本法則ではない」ことが証明されるようになってきた。

そして、そのきっかけをつくったのがマイケル・ファラデーとクラーク・マクスウェルの「電磁気現象」の発見であった。なかでもファラデーは、「銅をコイル磁石に近づけて電流を起こし、磁石の運動という力学的な働きを電気というエネルギーに変換する」ことに成功した。そればかりか、ファラデーとマクスウェルの二人は、その研究過程で、「正の電荷と負の電荷が互いに引き合うのは、ニュートン力学にいう二個の物体の引力によるものではなく、それぞれの物体の〈電荷〉が周囲の〈空間〉に〈乱れや状況〉を作り出し、それらが互いに相手の物体の〈電荷に力〉を及ぼすからであり、しかもその〈力を生む可能性〉を持った〈空間の状況〉こそが〈力の場〉である」

ことを発見した。その結果、それまでのニュートンの「引力の概念」は「力の場の概念」に置き換えられるようになり、ニュートン力学では「引力」の観点から「物体と力」は切り離しては考えられなかったのが、両者を切り離して考えられるようになり（電気力学理論の誕生）、それが物理学の世界に「根本的な転換」をもたらすことになった。しかも、この「電気力学理論」で発見されたもっとも重要な点は、

「〈光〉は波として空間を伝播《でんぱ》する〈電磁波〉にほかならない」

ということであった。それによって、今日では、

「光も無線電波も宇宙線も、すべて振動数の異なる電磁波（電磁場の振動）である」

ことが知られるようになった。


ついで、二〇世紀に入ってからは「相対性理論」の発見によって、物理学は再び大きく変貌した。そのきっかけを創ったのが、アインシュタインであった。「自然の調和」を固く信じていたアインシュタインは、物理学の「統一的基礎理論」を発見しようと、それまでの古典物理学では結びつかなかった「ニュートン力学」と「電気力学」の両方に共通する「統一理論」の開発を目指した。その成果が「一般相対性理論」において結実した。


アインシュタインの「一般相対性理論」は、古典物理学を見事に「統一」したが、それと同時に伝統的な「時間と空間の概念」をも「一変」させ、それによって、

「〈人間〉が関与する〈時間と空間〉に関する〈特殊相対性理論〉」

をも誕生させた。このようにして、いわゆるアインシュタインの「相対性理論」は、「人間」が関与しないニュートンの「独立した三次元空間と独立した時間」という「自然観」そのものまでも完全に「崩壊」させるに至った。なぜなら、

「相対性理論によって、ニュートンモデルに見るように、空間は独立した三次元ではなく、時間

も また独立した存在でないばかりか、時間と空間は不可分に結びつき〈時空〉という四次元連続体を形成することが明らかにされた」

からである（図3-1を参照）。

このように「相対性理論」によって、

「〈時間〉に触れずして空間は語れないし、〈空間〉に触れずして時間は語れないし、〈人間〉に触れずして時間も空間も語れない」

ことが明らかにされた。その意味は、

「ある事象に対して何人かの観測者が異なった時間（速度）で空間を移動している場合、ある観測者にとっては同時に起こっていると見える事象も、別の観測者にとっては異なった時間的順序で起こっているように見えるから、時間と空間が関与する事象には〈人間の存在〉（人間の心）を考慮しなければならず、それによって時間と空間は絶対的な意味を失い、ニュートンモデルの〈絶対的時間〉と〈絶対的空間〉の概念は〈破棄〉されなければならない」

ことが明らかにされたということである。それこそが先に述べたように、

「人間（その心）の存在を考慮するアインシュタインの相対性理論の登場によって、人間（その心）の存在を考慮しないニュートン理論が崩壊した」

といわれる所以である。こうして、結局、

「時間と空間の測定は相対的となり、〈時間も空間〉も〈心を持った〉ある特定の観測者が現象

図3-1　四次元の時空

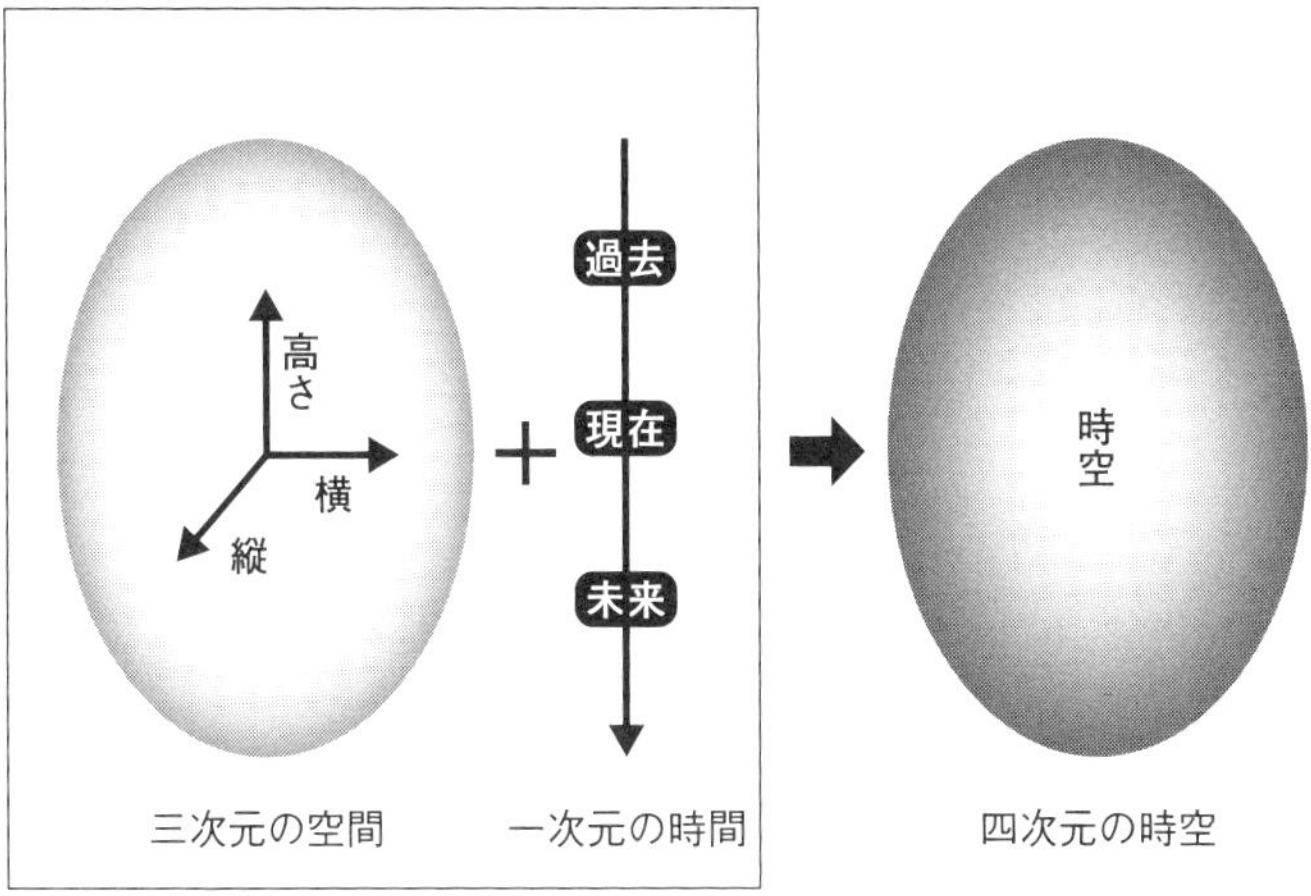

（佐藤勝彦監修『タイムマシンがみるみるわかる本［愛蔵版］』PHP研究所p.35を参考に作成）

を記述するために用いる〈言語の単なる一要素〉にすぎない」

ことが明らかにされた。

その結果、一般相対性理論で発見された「もっとも重要な点」は、

「〈時間〉も〈空間〉も、〈心〉を持った〈特定の人間の存在〉を考慮しなければ〈意味〉をもたない」

ということであった。このようにして、「相対性理論では、ニュートンのいう〈絶対時間〉や〈絶対空間〉の概念を〈破棄〉すると同時に、デカルトのいう〈自然の外に立つ観察者〉〈自然に関与しない人間〉としての〈自我の概念〉、それゆえ〈物心二元論の概念〉をも〈破棄〉しなければならない」

ことが明らかにされた。ゆえに、このことの意味する重要性は、

「相対性理論では〈絶対時間〉や〈絶対空間〉の概念を〈破棄〉する一方で、〈人間の心〉の存在をも取り入れた〈物の世界のこの世と心の世界のあの世の相補性の概念〉、それゆえ〈物心一元論の概念〉を考慮しなければならない」

ということである。このようにして、結局、「西洋科学の〈相対性理論〉の登場によって、ニュートン理論以来の、〈物の世界のこの世〉と〈心の世界のあの世〉の〈対立世界〉の考え、それゆえ〈物心二元論〉の考えが完全に〈否定〉され、二〇〇〇年も前の東洋神秘思想の説く〈物の世界のこの世〉と〈心の世界のあの世〉の〈統合世界〉への道、それゆえ〈物心一元論への道〉が科学的に開かれた」

のである。つまり、

「西洋科学の〈相対性理論〉の登場によって、〈心の世界のあの世と物の世界のこの世の相補性の世界〉、それゆえ東洋神秘思想の説く〈物心一元論の世界〉の〈正当性〉が〈科学的〉に立証された」

ということである。さらにいえば、

「〈相対性理論〉の登場によって、〈あの世とこの世の相補性〉を説く〈ベルの定理とアスペの実験の正当性〉もが立証された」

ということになる。

2　量子論から見た、あの世とこの世の相補性

「あの世とこの世の相補性」については、先に「東洋の神秘思想」と「相対性理論」の観点から検討したので、次に同じことを「東洋の神秘思想」と「量子論」の観点からも検討しておこう。

そのさいとくに注目すべき点は、量子論は「現代西洋科学の最先端」をいく「科学理論」であるにもかかわらず、驚くべきことに、その「思考内容」が「思弁的」な「東洋の古代神秘思想」の「道教」のそれと極めて近いということである。そのため、はじめにこの点についても見ておこう。

カプラによれば、「東洋の神秘思想」の中でも、その思考内容が西洋科学の「量子論」のそれと、とくに近いのが、一五〇〇年も前の「道の思想」（タオイズム）であるという。ここに、「タオイズムとは、理性的な思考には限界のあることを知り、直観をとくに重視する思想」のことであり、その中心的な思想が「道《タオ》」であるが、道家は、「〈知性〉（論理）では〈道〉（宇宙の真理、宇宙の合一性、あの世とこの世の相補性、物心一元性）は理解できない」

と説いている。同じことを、道家の荘子もまた、

『もっとも広範な知識によっても、道を知ることができるとはかぎらない』

と説いている。その意味は、道家にとって、

「〈道〉とは〈無為自然〉（宇宙の真理、宇宙の合一性、あの世とこの世の相補性、物心一元性）を〈直観〉することであるから、論理的思考はそれに逆行する」

ということである。


このことを視点をかえて「脳の観点」からも私見をいえば、

「〈論理的思考〉とは〈左脳領域の思考〉のことであり、〈神秘的直観〉とは〈右脳領域の直観〉のことであるから、両者は互いに〈二律背反の関係〉にある」

ということである。


このように、東洋の神秘思想の「道家の思想」は論理的思考を強く否定する。しかし、そのかわりに、道家はその「鋭い直観」によって、現代西洋科学の最先端をいく「量子論」にも通じるような「深遠な洞察力」を獲得した。私は、その「深遠な洞察力の象徴」こそが「太極図の思想」であると考える。なぜなら、

「〈太極図の思想〉とは、陰が極まれば陽になり、陽が極まれば陰になるとの〈陰陽の世界の相補性〉、それゆえ〈陰の世界の心の世界のあの世と、陽の世界の物の世界のこの世の相補性〉を説く思想であり、したがって〈物心一元論〉を説く思想のことである」

からである。


そこで、いまこのことを改めて「量子論の観点」からもいえば、私は、

「〈太極図の思想〉とは、見えない〈心の世界のあの世〉と、見える〈物の世界のこの世〉は〈陰陽の世界〉に分かれ（量子論にいう見えない波動の世界と見える粒子の世界に分かれ）、絶えることのない自然のエネルギーの流れのなかで、互いに〈盛衰を繰り返す〉から（量子論にいう粒子性と波動性の交代）、その自然の法則に従うことこそが〈道〉（宇宙の法則）である」

ということになると考える。とすれば、私は、

「東洋の〈太極図の思想〉とは、〈見えない波動性の心の世界のあの世と、見える粒子性の物の世界のこの世の相補性〉を説く西洋の〈量子論の思想〉そのものである」

と考える。このようにして、私は、

「現代西洋科学の最先端をいく〈量子論〉の対極にあると思われる古代東洋神秘思想の〈タオイズム〉の観点からも、量子論と同様、〈心の世界のあの世と物の世界のこの世が相補化〉された〈物心一元論の自然観〉の正しさが立証された」

と考える。さらにいえば、

「東洋神秘思想のタオイズムによっても、西洋科学の量子論の説く〈ベルの定理とアスペの実験の正当性〉が立証された」

と考える。

ゆえに、以上を総じ、私のいいたいことは、

「〈物の世界のこの世と心の世界のあの世の相補性〉それゆえ〈物心一元論の世界観〉を〈思弁

的〉に説くのが東洋の〈神秘思想〉の〈タオイズム〉であり、〈科学的〉に説くのが西洋の〈科学思想〉の〈量子論〉である」

ということである。

二　あの世とこの世の相補性（その二）

以上、「あの世とこの世の相補性」を「相対性理論」と「量子論」の観点からそれぞれ明らかにしたが、以下では同じことを再び視点を大きくかえて、「実像と虚像から見た、あの世とこの世の相補性」（相対性理論の観点から）、および「宿命と運命から見た、あの世とこの世の相補性」（量子論の観点から）としても明らかにしておこう。

1　実像と虚像から見た、あの世とこの世の相補性（相対性理論の観点から）

先にも述べたように、古典物理学のニュートン理論では、絶対的な三次元の空間と、独立した別次元の時間という、「空間」と「時間」とが別々の「知的概念」が基本となっていた。これに対し、東洋の神秘思想では、「空間も時間も人間の知性がつくり上げたものであり、他のすべての知的概念と同様に知性の産物にすぎず、それゆえ幻想（虚像）にすぎない」

とみてきた。ちなみに、ブッダも、

「空間も時間もただの名前であり、それゆえ思考の形態であり、表面的な実在（虚像）にすぎない」

とみていた。それゆえ、以下においては、このような観点に立って、再び「相対性理論」の観点から「実像のあの世と、虚像のこの世の相補性」についても明らかにするが、それには、はじめに「幾何学の概念」についての「東西の違い」をも知っておく必要がある。古代ギリシアでは、

「幾何学こそは神の啓示であり、自然の本質そのものである」

と考えられていた。プラトンのいう、

「神は、幾何学者である」

との言葉は、そのことをもっともよく象徴している。しかも、この古代ギリシアの幾何学は以後、何世紀にもわたり西洋の「哲学や科学」に強い影響を与え続けてきた。

これに対し、東洋では、幾何学は西洋の幾何学のように「自然の本質」としては成立しなかった。カプラによれば、それはインド人や中国人が幾何学的な知識を持ちえなかったからでは決してないという。その証拠に、彼らは幾何学の知識を広く応用して天体図をつくったり、幾何学的な形の祭壇や庭園を設計したり、土地を測量したりした。ただ東洋では、

「自然の本質（宇宙の真実在）を幾何学とは考えなかったから、自然の本質の解明に幾何学を用いようとしなかった」

だけのことである。つまり、カプラによれば、東洋では西洋のように、

『自然の本質の解明に、自然を直線や円に当てはめる必要がなかった』

ということである。その意味は、古代のインドや中国の神秘思想家たちは、

「幾何学は自然の本質ではなく、単なる知性の産物にすぎない」

と考えていたということである。このように、東洋の神秘思想家たちは「空間と時間の概念」についても、アインシュタインが登場するまでの西洋の科学者のそれ（特殊相対性理論以前の西洋の科学者の空間と時間の概念）とはまったく異なった考えを持っていた。ということは
「アインシュタインの特殊相対性理論の登場を待って、はじめて西洋の科学者の空間と時間の概念が、東洋の古代神秘思想家のそれと一致するようになってきた」

ということである。カプラは、そのことを、

『東洋の古代神秘思想家たちは、瞑想によって、普通の状態を超越し、絶対時間と絶対空間の概念が究極的な真理ではないことを悟ることができたため、そこから生まれる空間と時間の概念は、多くの点でアインシュタインの特殊相対性理論の空間と時間の概念に酷似している』

といっている。とすれば、そのことは、

「東洋の古代神秘思想家たちは、古くから（二〇〇〇年以上も前から）、すでに特殊相対性理論（四次元時空の理論）の基本的概念と同様な概念を持っていた」

ということである。

では、アインシュタインの特殊相対性理論にいう「空間と時間の概念」とは何か。それを一言でいえば、前述のように、

「空間と時間の測定はすべて相対的である」

ということである。このことを、よりわかりやすくするために、はじめに「空間の測定が相対的」であることから説明すると、

「空間内の物体の位置は、他の物体との相対位置で決まる」

ということである。カプラは、そのことを次の比喩によってうまく説明している。いま、二人の観測者が空中に浮かんだまま互いが持っている一本の傘を観測していると仮定したさい、その傘はたとえば一方の観測者から見ると自分の左側にあって、しかも自分のほうに傾いて見えるが、他方の観測者から見ると自分の右側にあって、しかも自分の反対側に傾いて見える。ゆえに、この例の意味は、左、右、上、下、斜などの「空間的な記述」は、すべて観測者の「位置しだい」であり、それゆえ「相対的」なものにすぎないということである。とすれば、このことは東洋の神秘思想家の荘子のいう「無差別自然の思想」そのものといえよう。

ついで、「時間の測定が相対的」であることについていえば、時間についても、「前」や「後」や「同時」などの「時間的な記述」（時間的な序列、時系列）は、観測者しだいであるということである。その意味は、

「時間的な記述も、観測者によって左右され相対的である」

ということである。もちろん、私たちの日常生活では、あらゆる現象は「時系列順」に起こっているかに見えるが、それは光の速度が秒速三〇万キロメートルと極めて速いため、現象の発生と観測を同時のように「錯覚」するからである。

しかし、光といえども、現象が観測者に届くまでには何らかの時間を要する。ところが、日常生活では、その伝播《でんぱ》に要する時間が極めて短く瞬間的であるため「時間の測定が相対的である」ことに気づくことができないだけのことである。しかし、もしも観測者が、現象に対して高速で移動しているような場合を想定すれば、現象の発生とその観測までの時間が現象の「時系列の序列」に決定的な影響を及ぼすことになる。なぜなら、高速で移動している場合には、ある人から見て同時に起こったと見える現象も、他の人から見れば別の時系列で起こったように見えるからである。つまり、

「観測者の移動速度が異なれば、現象の時系列の序列も異なる」

ということである。この点については、すでに「光速を超えると、あの世へも瞬時に行ける」の項で詳しく述べた。

このようにして、特殊相対性理論で明らかにされたことは、結局、

「古典物理学にいう絶対的空間や絶対的時間の概念は、もはや意味を持たない」

ということである。すなわち、

「空間も時間も、観測者によって異なり相対的なものであるから、空間と時間に関する測定にはもはや絶対的な意味はない」

ということである。事実、古典物理学では、棒は動いていても静止していても、長さは同じと考えられてきた。しかし相対性理論によって、それは正しくないことが明らかにされた。実際、棒の長さは棒と観測者の相対的な運動状態によって左右される。事実、

「棒は観測者に対する速度がゼロのとき最長となり、観測者に対する速度が増すほど短くなる」

つまり、

「物体は、その運動方向に縮む」

のである。では、どちらの棒の長さが「本当の長さ」なのか。そのさい重要なことは、それを問題にしても「まったく意味がない」ということである。なぜなら、それは、

「人の影の長さを測ってみても、影は〈虚像〉であるから、日常生活では何の意味も持たないのと同じである」

からである。ということは、

「影は三次元空間の物体〈実像〉を、二次元平面に投影した〈虚像〉であるから、投影する角度によって長さは変わるので、そのような〈虚像〉の影の長さを測っても何の意味もない」

ということである。同様に、

「動いている物体の長さも、四次元空間の点を三次元空間に投影したものであるから、基準座標

軸（基準系）が四次元空間と三次元空間とで異なれば、その長さも変わるので、どちらの棒の長さが正しいかを問題としても意味がない」

のである。

しかも重要なことは、

「特殊相対性理論によれば、運動物体の長さに関していえることは、そのまま時間についてもいえる」

ということである。その意味は、

「時間の長さもまた空間と同様に、基準系しだいである」

ということである。すなわち、時間の場合は、

「観測者に対する相対速度が増加すると、時間の長さも増加する」

ということである。このことをわかりやすく説明するのに、よく使われる有名な比喩が、「双子のパラドックス」である。このパラドックスは、よく「タイムトラベル」の話のところで引用される例であるが、今、かりに双子のうちの一人（兄）が宇宙への「超高速往復旅行」に出かけたとすると、彼が地球に戻ってきたときには、相手（弟）よりも「若く」なっているというものである。なぜなら、それは、

「観測者に対する相対速度が増加すると、時間の長さも増加するから、高速で宇宙旅行に出かけた彼（兄）のすべて（心臓の鼓動や脳波など）の時計が、地球にいる相手（弟）から見ると旅行中

には長くなっている、それゆえ、ゆっくりしている、すなわち若くなっている」からである。このように、

「このパラドックスは、特殊相対性理論で説明される四次元時空の世界が、三次元世界に住む人間にとっては不思議に思えて容易に理解できない」

ことを雄弁に物語っており、それゆえ、このパラドックスは現代物理学における「もっとも有名なパラドックス」の一つとなっている。

以上を総じていえることは、

「三次元世界のこの世に住む人間にとっては、三次元世界の〈物の世界〉のこの世の〈虚像〉〈影〉しか体験できず、四次元世界の〈心の世界〉のあの世の〈実像〉（実物、本物）を体験することができない」

ということである。そうであれば、もしも、

「人間が三次元世界の〈物の世界〉の〈虚像のこの世〉にあって、四次元世界の〈心の世界〉の〈実像のあの世〉を〈相補性原理〉を超えて見ることさえできれば、人間にとって〈パラドックス〉は何一つ存在しない」

ことになる。いいかえれば、もしも、

「人間が物の世界の〈虚像のこの世〉にあって、〈相補性原理〉を超えて、心の世界の〈実像の

あの世〉と〈統合〉することさえできれば、人間にとってパラドックスは何一つ存在しない」

ことになる。

では、どうすればその「統合」が可能になるのか。それを数学的に表現すれば、「法則が、すべての座標系で同形式で表されるように定式化すればよい」ということになる。そして、この発想こそがアインシュタインの「特殊相対性理論」の出発点であり、「相対性の考え」そのものである。そのため、

「特殊相対性理論では、〈虚像〉の三次元空間の座標に、時間という第四の座標が組み込まれ、〈実像〉の四次元連続体が形成される」

ことになる。それが特殊相対性理論にいう「時空の概念」である。そのことを、カプラは、

『相対性理論では、空間と時間は同一の基盤で時空として不可分に取り扱われ、時間を考えない空間など考えられないし、空間を考えない時間も考えられない』

といっている。しかも、ここでとくに注目すべき点は、

「〈特殊相対性理論〉の発見によって、〈西洋の物理学〉が二〇世紀に入ってようやく捉えた相対的な空間や相対的な時間の概念が、すでに二〇〇〇年も前の〈古代東洋神秘思想〉にいう空間や時間の概念と〈酷似〉している」

ということである。その意味は、

「〈東洋の神秘思想家〉は、すでに〈二〇〇〇年も前〉に、瞑想（直観）という普通の意識とは

まったく違った状態の下で、〈特殊相対性理論と同様な世界〉を〈体験〉していた」

ということである。さらにいえば、

「〈東洋の神秘思想家〉は、すでに〈二〇〇〇年も前〉に、三次元世界の〈虚像のこの世〉を超越した、時間と空間が統合した四次元世界の〈実像のあの世〉を〈体験〉していた」

ということである。いいかえれば、

「〈東洋の神秘思想家〉は、すでに二〇〇〇年も前に〈虚像のこの世と実像のあの世が表裏一体化した相補性の世界観〉を持っていた」

ということである。

以上が、

「〈東洋神秘思想〉と〈西洋科学〉（特殊相対性理論）がともに解き明かした〈虚像のこの世と実像のあの世の相補性の世界観〉である」

といえよう。このようにして、

「〈東洋の神秘思想家〉は〈瞑想〉による〈直観〉を通じて、他方、〈西洋の物理学者〉は〈科学〉による〈論理〉（相対性理論）を通じて、ともに三次元世界の〈虚像のこの世〉と、四次元世界の〈実像のあの世〉が〈表裏一体化〉した〈相補的な世界〉を体験することができる」

のである。さらにいえば、彼らはそれぞれ、「瞑想」（直観）と「科学」（論理）によって、ともに、

「三次元世界の〈虚像のこの世〉から、四次元世界の〈実像のあの世〉へと〈移行〉することにより〈虚像のこの世〉と〈実像のあの世〉が〈相補化した世界〉を体験することができる」のである。その意味は、

「人間の〈瞑想〉（直観）によっても、人間の〈論理〉（相対性理論）によっても、〈虚像のこの世と実像のあの世の相補性〉の理解は可能である」

ということである。

以上が、私の、

「東洋の神秘思想と西洋科学の相対性理論から見た〈実像の心の世界のあの世と虚像の物の世界のこの世の相補性〉」

についての見解である。

なお、最後に、私見ではあるが、私は「低次元の世界から高次元の世界への移行」による「両世界の相補性」を、前述のような東洋の神秘思想（瞑想）や西洋の科学（論理）によらずに、簡単な直観によって「疑似体験」するには、「ステレオグラム」（stereogram）によるのも一つの方法であると考える。そこで、以下この点についても、参考までに、私見を付記しておく。

ステレオグラムとは「立体的（三次元的）に見ることができる平面作品（二次元作品）の総称」のことであるが、私は、このステレオグラムによっても、二次元の平面の世界（虚像の世界）か

ら、三次元の立体の世界（実像の世界）への移行による「相補性」が「疑似体験」できると考える。

わかりやすくいうと、このステレオグラムによれば、平面（二次元）上に描かれた、一見、何であるかまったく見当もつかないような不思議な「平面作品」（虚像）が、「直観」によって、まったく想像もしなかったような「立体作品」（実像としての三次元の景色や人物など）として、突如、驚くほど「鮮明」に目の前に現れてくるというのである。読者は、その「不思議な世界」を自身の目で確かめられるとよい（直観されるとよい）。

とはいえ、それを直観（実感）することはかなり難しい。そこで私見ではあるが、その見方の要領をいえば、何も考えずに作品を「ボケ目にして視る」（直観する）ことである。すなわち、作品を見ようとする「意識」（左脳の働き）を完全に排除ないしは停止させて、「直観」（右脳の働き）で視ることである。つまり、見ようとする「意識」（左脳の働き）を抑えて、ただ「直観」（右脳の働き）によって「瞑想状態」で視ることである。そうすれば、意識を働かせた状態では、いくら見つめても視えなかった二次元平面の作品（虚像）が、突如として、完全な三次元の立体作品（実像）として実に驚くほど鮮明に浮かび上がってくる。それは本当に「不思議な疑似体験」である。このようにして、私は、自身のこのような些細《ささい》な体験からも、

「人間が瞑想状態にあるときには、東洋の古聖賢たちがそうであったように、三次元世界の虚像のこの世にあって、四次元世界の実像のあの世を視る（相補化する）こともまた決して不可能で

はない」

と実感するようになった。いいかえれば、私は、「人間の瞑想状態における〈超能力〉によっても、人間は〈三次元の虚像のこの世〉にありながら、〈四次元の実像のあの世〉を視ることが可能である。すなわち〈虚像のこの世と、実像のあの世の相補性〉を直観することができる」

と考えるようになった。そして、いみじくも、そのことを一五〇〇年も前に「瞑想」（直観）によって説いたのが、荘子の名言、

「視乎冥冥《めいめいにみ》　聴乎無聲《むせいにきく》」

である。その意味は、

「この世にあって、見えない実像のあの世の姿を〈心〉で視（直観し）、聲なき実像のあの世の聲を〈心〉で聴け（直観せよ）」

である。

以上が東洋の神秘思想と西洋科学の「相対性理論」から見た、「実像のあの世と虚像のこの世の相補性」についての私見である。とすれば、それはまた、

「実像のあの世と虚像のこの世の相補性を説く〈ベルの定理とアスペの実験の正当性〉の傍証にもなる」

といえよう。

2 宿命と運命から見た、あの世とこの世の相補性（量子論の観点から）

以上、「あの世とこの世の相補性」を、「東洋の神秘思想と西洋科学の相対性理論」の両面から「実像のあの世と虚像のこの世の相補性」として解明したので、次に同じことを「東洋の神秘思想と西洋科学の量子論」の両面から「宿命のあの世と運命のこの世の相補性」としても解明しておこう。

ド・ブロイによれば、

『時空では、われわれ一人ひとりにとって現在、過去、未来を構成している物事は、観測者が知る以前にすでに時空を構成する事象のアンサンブル（宿命：著者注）として一括して与えられる。ところが、観測者は、観測者の時間的経過とともに、それを時空の新しい断片として発見し、それが観測者の目には自然界の現実（運命：著者注）と見えるのだ』

という。

それと同じことを、「東洋の神秘思想家」たちも次のようにいっている。まず宗教学者のラマ・ゴヴィンダは、

『われわれが瞑想中の空間体験を語るとき、まったく別次元を扱っている。……瞑想状態での空間体験では、時系列の序列は同時的な共存状態に変わってしまい、並行して物事が存在するので

ある。それが三次元に住む人間にとっては宿命に映るのだ』

というし、同じく宗教学者の鈴木大拙《だいせつ》氏もまた、

『この精神世界（瞑想による世界：著者注）には、過去、現在、未来といった時間の区別は一切ないのだ。それらは現在という単一の瞬間に収縮している。……過去も未来も輝けるこの現在の瞬間に巻き上げられるが、それが三次元に住む人間にとっては宿命に映るのだ』

といっている。この点に関して、私見をいえば、

「ド・ブロイのいう四次元時空を構成する〈事象のアンサンブル〉が、私がいう〈宇宙の意思〉〈神の心〉としての〈宿命〉（天命）であり、そのような〈宿命〉は私たちが知る以前に時間が停止している四次元世界の〈心の世界のあの世〉では過去・現在・未来の区別なしに一括して存在しており、それが時間が経過する三次元世界の〈物の世界のこの世〉に住む私たちにとっては、〈時間の経過〉とともに〈運命〉（宿命としての命が時間とともに時系列順に運ばれてきたもの）として現れてくる」

と考える（後掲の図3−4を参照）。とすれば、私は、

「もしも、そのような四次元世界の〈心の世界のあの世〉を、三次元世界の〈物の世界のこの世〉に住む私たちが〈瞑想〉か何かの方法によって、〈次元を超えて見渡す〉（統合する）ことさえできれば、私たちは各自の〈永遠の現在〉としての〈宿命〉を〈一瞬にして一望する〉（知る）ことができるし、その〈宿命〉が〈時間の経過〉とともに三次元世界のこの世に運ばれてくる

〈運命〉についても、それを時系列順に知ることができる」

と考える。ところが残念なことに、

「私たちが住んでいるのは時間の流れる三次元世界のこの世であるから、普通の状態では、時間の停止した四次元世界のあの世の〈宿命〉を知ることは決してできないし、それが時系列順に三次元世界のこの世に運ばれてきた〈運命〉についても、それを〈因縁生起〉としてしか体験できない」

ことになる。その意味を「量子論的観点」からいえば、

「三次元世界のこの世と四次元世界のあの世は相補化しているため、この世に住む私たちは〈心の世界のあの世のレベル〉で行う〈自分の選択〉（自分の意思決定）としての〈宿命〉についてはなんら気づいていないから、その〈宿命〉が〈この世〉に顕現しても、それを〈運命〉としてしか受け止められない」

ということである。その結果、

「三次元世界の物の世界のこの世に住む私たちは、四次元世界の心の世界のあの世で自らの意思によって決定しておきながら、〈相補性原理〉のゆえに、自らが決定したものではないと思う〈宿命〉によって〈支配〉されているかのように〈錯覚〉し、この世の諸事（この世の出来事）がすべて〈運命〉に映る」

ということになる。

なお、この点については先の「相補性原理」のところでも詳しく述べたので、ここでは、その要点のみを再度記せば、私は、

「自らが〈祈り〉として心の世界のあの世で誓った〈願い〉としての〈宿命〉が、時間の経過する物の世界のこの世へ、時間の経過とともに時系列順に運ばれてくると、その時々の〈宿命〉が、自らの〈選択〉によって〈運命〉に変わる〈波束の収縮〉」

と考える。

このようにして、結局、私は「東洋の神秘思想」の観点からも、「西洋科学の量子論」の観点からも、

「あの世とこの世は〈宿命と運命によってでも相補化〉している」

と考える。とすれば、このこともまた、

「〈あの世とこの世の相補性〉を説く、ベルの定理とアスペの実験の〈正当性〉の立証になる」

と考える。

三　東洋神秘思想と相対性理論と量子論の関係

以上では「あの世とこの世の相補性」について、東洋の神秘思想と西洋科学の「相対性理論」並びに「量子論」の両面からそれぞれ明らかにしたが、以下においては、それらを「総括」する意味で、もう一度、この問題について再検討しておくことにする。

東洋の神秘思想家の荘子は、すでに一五〇〇年も前に、

『自然（陰陽の世界、心と物の世界）は同じ世界の二つの側面を現しているにすぎないから、その対立（差異）はすべて相対的なものにすぎない』

と説いている。それこそが、いわゆる荘子の「無差別自然観」である。とすれば、荘子のこの「無差別自然観」は、前述のアインシュタインの「相対性理論」や「量子論」などにいう「心の世界と物の世界の相補性」、あるいは「あの世とこの世の相補性」の考えそのものといえよう。それればかりか、それと同じことを、東洋の神秘思想の「道《タオ》の思想」（タオイズム）でも、

『対立する両極を、陰と陽とみて、その背後にあって両者を統合するのが道である』

と説いている。いわゆる『易経』にいう、

『時に陰（暗、あの世、心の世界：著者注）を、時に陽（明、この世、物の世界：著者注）を出現させているもの、それが（その相補性が：著者注）道である』

が、それである。このようにして、

「東洋の神秘思想家は、瞑想によって、三次元世界の〈物の世界のこの世〉と、四次元世界の〈心の世界のあの世〉が〈相補化〉された〈物心一元論の世界〉を体験することができた」

といえよう。

カプラによれば、それを象徴しているのが、東洋の神秘思想のヒンズー教の寺院にある「シヴァの像」であるという。この彫像には三つの顔があり、右側にシヴァの「男性的な顔」、左側にシヴァの「女性的な顔」、真ん中にシヴァのマヘーシュヴァラ神としての「尊顔」があり、しかもそのマヘーシュヴァラ神こそが「男女の側面の統合体」、それゆえ「この世とあの世が相補化した世界」としての「至高の姿」を表しているという。このようにして、

「東洋の神秘思想家は深い瞑想状態の下で、日常の三次元世界のこの世を超越し、心の世界のあの世と、物の世界のこの世が相補化した世界を体験することができる」

のである。

そこで、このような「東洋の神秘思想」にいう「自然の相補性」を、改めて西洋科学の「相対性理論」や「量子論」の観点からも再確認しておこう。

まず「相対性理論」の観点からいえば、「相補的な世界」を記述（数学的定式化）するのに、い

わゆる「四次元時空の理論」が用いられる。なぜなら、

「相対性理論以前の古典的物理学によれば、三次元世界では時間と空間はまったく別物で対立する両極と考えられていたのが、相対性理論による四次元世界への移行によって、両者が統合されて四次元時空となり、東洋の神秘思想にいうあの世とこの世の対立世界の統合が確認された」

からである。その意味は、

「相対性理論の登場によって、はじめて時間と空間が対立した三次元世界のこの世から、時間と空間が統合した四次元時空のあの世への高次元移行が可能となり、東洋神秘思想にいう〈物の世界のこの世と心の世界のあの世が相補化〉された〈物心一元論の相補的な世界〉が理論的に解明された」

ということである。

ついで、「量子論」の観点からもいえば、

「ミクロの世界では、自然は破壊できるともいえるし、破壊できないともいえる。また、自然は連続しているともいえるし、連続していないともいえる（ともに、自然の波動性と粒子性の相補性）。さらに物質とエネルギーは同じ現象の異なる側面にすぎない（同じく、自然の粒子性と波動性の相補性）との〈相補性原理〉が明らかにされ、それによって〈思弁的〉な東洋神秘思想にいう〈物心一元論の相補的な世界〉が〈理論的〉に解明された」

ということである。

このようにして、

「相対性理論と量子論の出現によって、はじめて三次元世界のこの世のみを研究対象としてきたニュートン力学の古典的物理学の概念が超克され、三次元世界のこの世から四次元時空のあの世への高次元移行、それゆえ〈あの世とこの世の相補化〉が可能になり、東洋の神秘思想（天人合一の思想や太極図の思想や物心一元論の思想など）の正しさが立証された」

のである。

以上が、私見としての「あの世とこの世の相補性についての総括」であるが、残念なことに、人間の「思考パターン」は「三次元的感覚」しか持ちえないから、専門の物理学者といえども、四次元世界の「実像のあの世」と、三次元世界の「虚像のこの世」が「相補化した世界」を「言葉」によって正確に表現することは極めて難しいといわれている。それを象徴しているのが「コペンハーゲン解釈」といえよう。

とはいえ、このように外見的にはまったく別々の世界が「高次元で統合」されて「相補化」された姿は、なにも難しい相対性理論や量子論によらなくても次の「図」によっても簡単に「視覚化」して「理解」できよう。

はじめに「相対性理論の観点」から「虚像のこの世と実像のあの世の相補化」について視覚化すれば、以下のようになろう。まず次の図3-2は円運動を投影したものであるが、一次元（直

図3-2　対立する極の統合（相対性理論の観点から）
一次元世界と二次元世界の統合

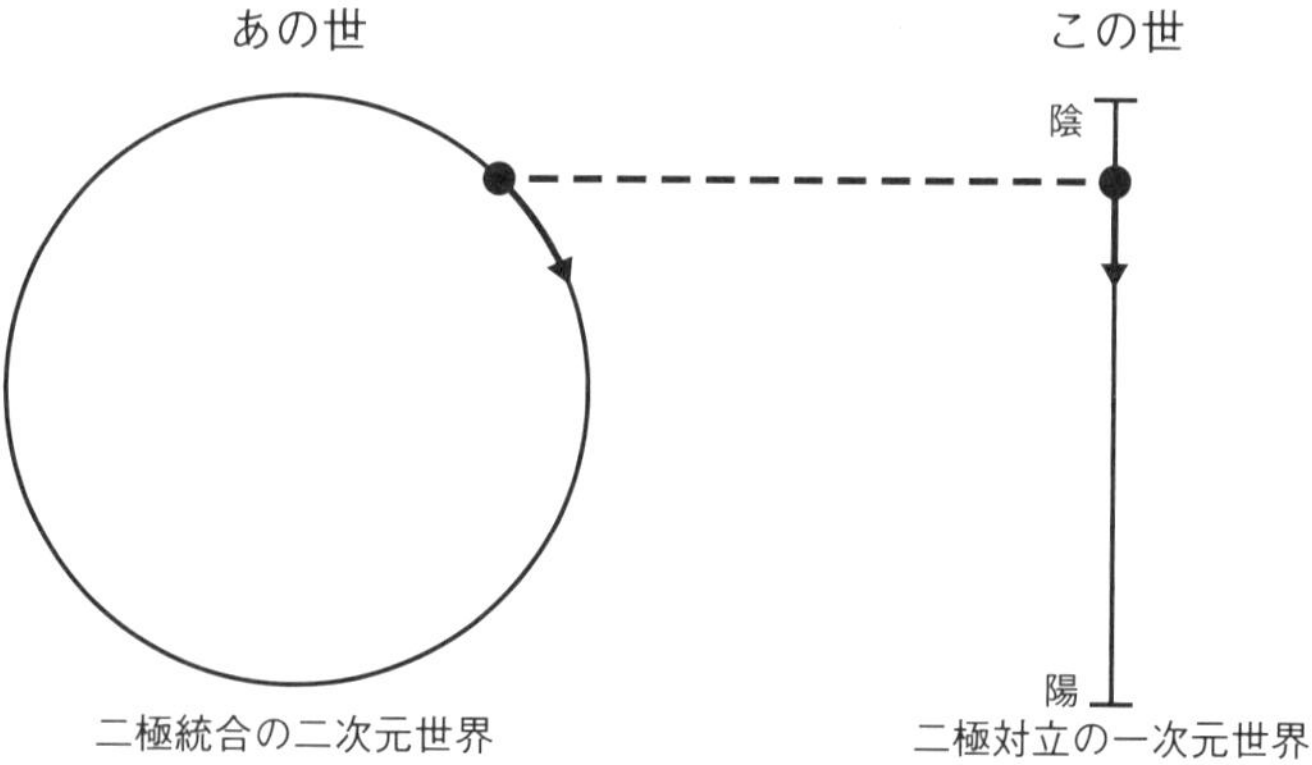

（F.カプラ『タオ自然学』工作舎 p.165を参考に作成）

線、この場合は、虚像としてのこの世を想定）では上下運動する両極（相対立する世界）が、二次元（平面、この場合は、実像としてのあの世を想定）では「統合」されて円運動になって「相補化」していることが確認されよう（参考文献22）。

ついで図3-3は、平面で水平に切断されたドーナツリングを示したものであるが、二次元平面（この場合は、虚像としてのこの世を想定）では完全に分離された二つの切断面（相対立する二つの円盤、相対立する二つの世界）が、三次元空間（この場合は、実像としてのあの世を想定）では統合されて一つのドーナツリング（一つの筒、一つの世界）になって「相補化」していることが確認されよう（参考文献23）。

ゆえに、以上の所見を敷衍して、私は、「三次元世界のこの世と四次元世界のあの世の

図3-3　対立する極の統合（相対性理論の観点から）
二次元世界と三次元世界の統合

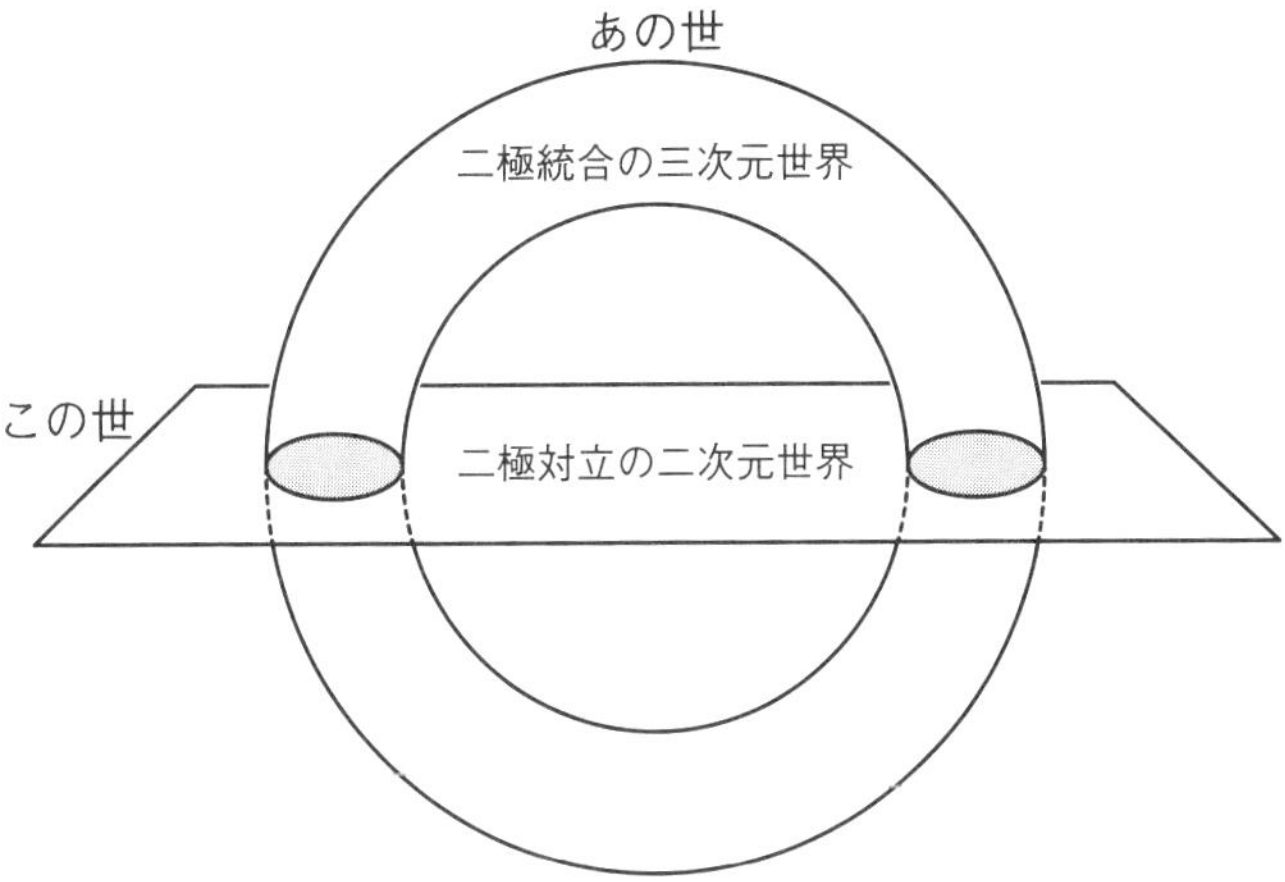

（F.カプラ『タオ自然学』工作舎 p.168を参考に作成）

対立世界の相補化についても、見える三次元世界の〈虚像のこの世〉と、見えない四次元世界の〈実像のあの世〉は〈つながって〉いて〈相補化〉していることが、〈相対性理論〉の観点からも確認される」

と考える。

さらに、同じことを視点をかえて、「量子論の観点」からも「宿命のあの世と運命のこの世の相補化」について「視覚化」したのが次の図3－4であるが、この図からも、私は、

「見えない四次元世界のあの世の〈宿命〉が、時間の経過とともに、〈情報伝達の場〉としての〈波動の世界〉を介して、見える三次元世界のこの世の〈運命〉へと移され、逆に、その見える三次元世界のこの世の〈運命〉が、時間の経過とともに、再び〈情報伝達の場〉としての〈波動の世界〉を介して、見えない四次元世界

図3-4　四次元世界のあの世と三次元世界のこの世の統合
（波動の世界を介しての宿命と運命の関係：量子論の観点から）

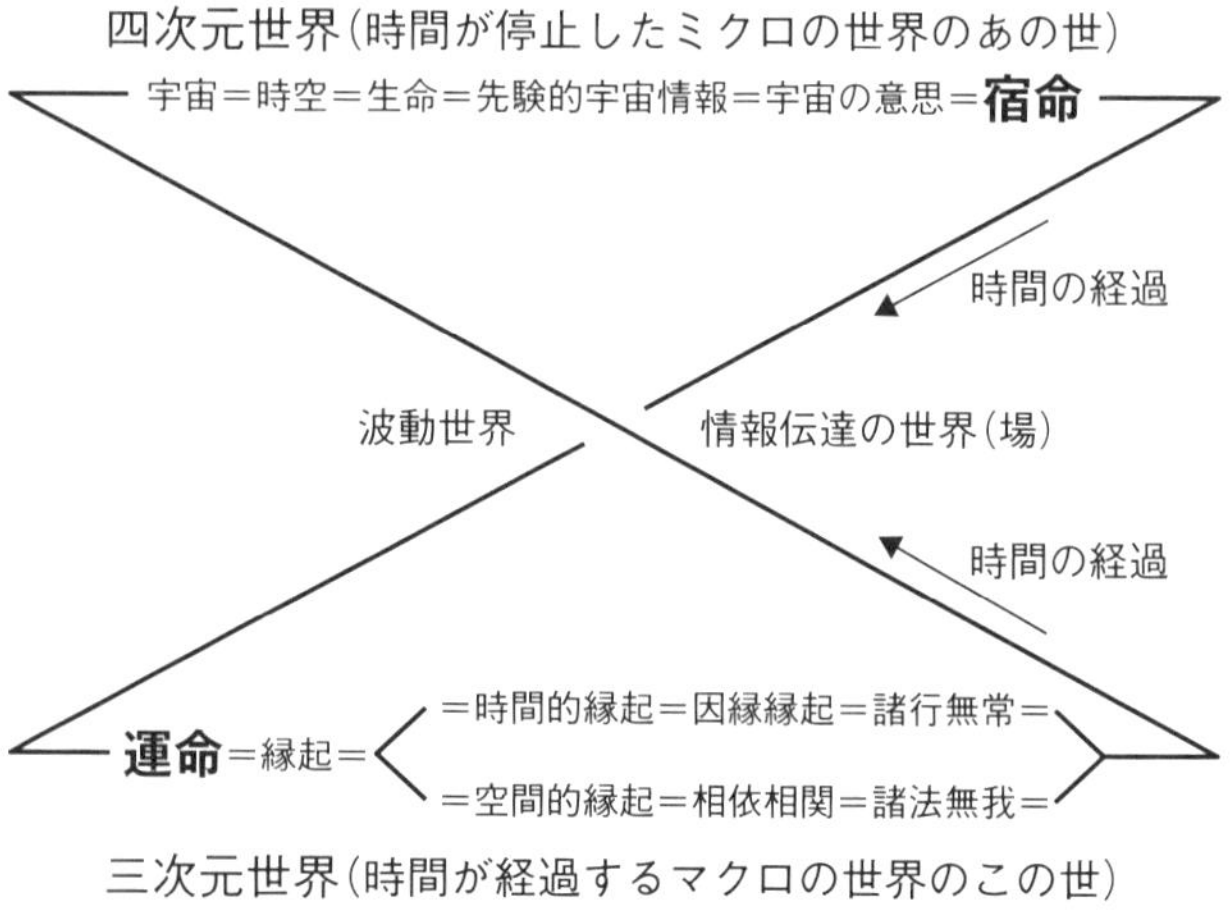

（岸根卓郎『宇宙の意思』東洋経済新報社 p.395を参照）

のあの世の〈宿命〉へと還される様子が解明される」

と考える。いいかえれば、この図によっても、

「四次元世界の〈宿命のあの世〉と三次元世界の〈運命のこの世〉が、〈波動の世界〉〈情報伝達の場〉を介して〈つながって〉いて〈相補化〉していることが、〈量子論の観点〉から確認される」

ということである（参考文献24）。

とすれば、以上のことはまた、「ベルの定理とアスペの実験の正当性」をも見事に傍証していることになる。

四　宇宙の意思の伝達媒体としての波動の理論

すでに詳しく述べたように、物質を分けると原子になり、その原子を分けると素粒子になり、さらにその素粒子を分けると結局「素粒子の波」、それゆえ「エネルギーの波動」（波動エネルギー）に還る。しばしば、

「万物はエネルギーの変形である」

といわれるのは、そのことを指していう。

最近の研究では、その「波動の世界」は「ナノメートルの世界」すなわち「一〇億分の一メートルの世界」といわれている。その超ミクロの「素粒子の世界」の「原子の世界」を覗いてみてわかったことは、各原子は、各原子ごとに、その原子核の回りを弦振動している電子の「軌道」が「固有」であることから、それに応じて、各原子はそれぞれ「固有の振動」をしているということであった。それを「原子の固有振動」と呼んでいるが、そのため振動の違う原子によって構成された「物質」もまた、それに応じて、それぞれ固有の振動をしていることになる。

たとえば、人間の身体は、原子→分子→細胞→組織→諸器官から構成されているから、それら

の一番の基になる「原子の固有振動」によって、分子も細胞も組織も器官も身体も、それぞれ「固有振動」を持つことになる。ということは、心臓は心臓の、肝臓は肝臓の、人体は人体の「固有振動」を発しているということである。

量子論によれば、単一の「原子」の共鳴磁場は最短の波長と最大の周波数を持っていて、それは「X線の波長と周波数」の領域にあるといわれている。そして、これらの原子が結合して「分子」になると、電子は違った原子核の間に分配されるから、その波長はさらに大きくなり、周波数は小さくなる。事実、「分子」の波長と周波数は「紫外線の波長と周波数」の領域にあるといわれている。そして、「生物」になればさらにその分子が結合して細胞をつくるから、そのさいの電子の波長はさらに大きくなり、周波数はさらに小さくなる。事実、「細胞」の波長と周波数は「超短波放射線」(マイクロウェーブ)の領域にあるといわれている。このようにして、「万物を構成している根源は原子(電子)の波動であり(波動性)、その波動だけの世界が次第にその密度を濃くしながら各物質へと変化していく(粒子性)」ことになる。そのさい、私は、

「その波動がどのような物質へと変化するかは、その〈波動〉に〈刻印〉された固有の〈先験的宇宙情報〉としての〈宇宙の意思〉(神の意思)によって決まる」

と考える。なぜなら、

「情報と物質には、それぞれ〈情報的実在性〉と〈物質的実在性〉があり、しかもその情報的実

在性には〈先験的実在性〉としての〈宇宙情報〉（宇宙の意思、神の意思）が含まれていて（刻印されていて）、それが〈波動〉を介して、物質的実在性としての万物を生み出している」

と考えられるからである。

周知のように、元素を「原子番号順」に並べると、「化学的性質」が「周期的に変化」する。これが、いわゆる「元素の周期律」である。そのため、化学者はよく、

「この世の事象のすべては、周期律表の中にある」

というが、そうであれば、私は、それを敷衍して、

「現在、自然に見つかっている一〇八種の基本的な元素の一つひとつが、〈先験的宇宙情報〉の〈宇宙の意思〉（神の意思）によって、それぞれ〈周期的〉（波動的）に何らかの意味を〈刻印〉（負荷）されており、〈万物の形成〉に深く関わり合っている」

と考える。とすれば、

「そのような〈宇宙の意思〉（神の意思）を刻印された元素によって〈波動的〉に形成（構成）される〈万物〉もまた、その宇宙の意思（神の意思）によって、それぞれ〈波動的〉に何らかの〈意味〉を〈負荷〉されている」

と考える。つまり、私のいいたいことは、

「人も動物も植物も鉱物も、それゆえ〈宇宙の万物〉は、それぞれ先験的宇宙情報としての〈宇宙の意思〉（神の意思）が刻印された原子の〈固有振動〉（波動性）によって〈物質化〉されて〈固

有の形〉をとるから（粒子性）、それぞれの持つ〈固有の形〉が、またそれぞれの〈固有の波動〉を生み、それぞれの〈固有の形〉と〈固有の性質〉を保持している」

ということである。このようにして私は、

「〈波動〉こそは、あの世の〈宇宙の意思〉（神の意思）をこの世の万物に伝え（波動性）、万物をして〈固有の形〉に形成させ（粒子性）、万物に〈固有の性質〉を付与（負荷）させる〈伝達媒体〉である」

と考える。

その卑近な例として、繰り返しになるが、人間の顔でも、その「形」が細形で逆三角形の顔の人は鋭い感じを与え、切れ者が多いし、丸形の顔の人は円満な感じを与え、温厚な人が多いし、角形の顔の人は硬い感じを与え、厳格な人が多い、などといわれるのもそのためであろう。

そういえば、私たちは、ある人と初対面のときには必ずその人の「顔」を見て、その「顔の形」で本能的（直感的）にその人の「性格」を判断するのもそのためであろう。ちなみに「人は見た目が九割」などといわれるのも、そのことを指しているといえよう。

もちろん、このことは何も人間だけについていえることではない。どの物質についてもいえることである。たとえば、カミソリのように切っ先が「鋭角的な形」のものは、非常に「鋭い波動」を出しているからよく切れるし、丸形はその反対である。要するに、

「どの生物もどの物質も、人間と同じように、先験的宇宙情報（宇宙の意思、神の意思）の伝達

媒体としての〈波動〉（気）によって〈形成〉され、コントロールされて、〈固有の形〉と〈固有の性質〉を付与されている」

ということである。その証拠に、

「万物は、互いの固有の波動（気）によって影響を受ける」

のである。事実、前述の量子論の「スリット実験」や「遅延選択の実験」などでも明らかにしたように、

「観測対象の粒子（物質）は、観測者が誰であるか、その人の波動（気、心）によって挙動を変える」

といわれている。なぜなら、それは、

「観測対象の粒子（物質）をコントロールしている先験的宇宙情報の伝達媒体としての波動（気、心）が、同じく、観測者としての人間の気（心）をもコントロールしている（気の非局所性）」

からである。

その証拠に、人間と人間の間ではもちろんのこと、人間と機械（物質）の間でも「相性の良し悪し」があるといわれるが、それは、

「人間の持つ波動（気、心）と機械（物質）の持つ波動（気、心）が同調（以心伝心）するか否か」

を指していると考える。もちろん、

「同調すれば相性が良いし、同調しなければ相性が悪い」

ということになる。このようにして、私は、

「人間が物質によって生理的・精神的に影響を受けるのは、物質そのものによるのではなく、物質が発する精神波動（佛教の唯識説によれば、物質も人間と同様に心王としての心を持っている）と、人間の発する精神波動（心）が同調するか否かによるものであり、両者が共鳴すれば相性が良くて良い影響を受けるし、共鳴しなければ相性が悪くて悪い影響を受ける」

と考える。それればかりかさらに重要な点は、すでに明らかにしたように、

「〈波動の世界〉は、四次元世界の〈あの世〉と、三次元世界の〈この世〉をつなぐ〈情報伝達の世界〉（情報伝達の場）でもある」

ということである（前掲の図3-4を参照）。このようにして、

「〈この世〉のすべての現象は、〈波動の世界〉としての〈情報伝達の世界〉すなわち〈以心伝心の世界〉、それゆえ総じて〈心の世界〉を介して、〈あの世〉と密接につながっており、〈波動の世界〉〈心の世界〉を〈無視〉しては、もはや〈何事も考えられ〉ない」

ということである。ちなみに、このことを「生と死」を例にとっていえば、

「〈生〉とは、〈生命〉が〈あの世〉から、〈波動の世界〉〈心の世界〉を介して、〈この世〉へ移されることであり、〈死〉とは、その〈生命〉が〈この世〉から、〈波動の世界〉〈心の世界〉を介して、〈あの世〉へ還されることであるから、〈波動〉こそは〈あの世〉と〈この世〉を結ぶ〈生命の紐〉〈統合媒体〉である」

ということになろう（図3-4を参照）。とすれば、このことこそが、

「人は何処より来たりて、何処へ去るのか」

に対する「波動の世界」から見た一つの解答といえよう。

つまり、私のいいたいことは、結局、

「〈波動〉こそは、〈先験的宇宙情報〉（宇宙の意思、神の心）を負荷された〈エネルギー〉であり、〈万物〉（人間をも含めた生物や無生物）の〈形成〉や、〈生命〉の〈生滅〉にもっとも深く関わる〈見えない生命の絆《きずな》〉である」

ということである（参考文献25）。

とすれば、これらを総じていえることは、ここでもまた、

「〈波動の理論〉こそは、本書の指向する〈量子論による心の世界の解明〉のための〈必須理論〉である」

といえよう。


以上が、私の「波動の理論」を通じて見た「あの世とこの世の相補性理論」（二重性理論）であるが、このことをさらに視点を大きくかえて、生物学者のシェルドレイクの「形態共鳴場の理論」、いわゆる「形の共鳴場の理論」との関連からもいえば、私が、ここにいう、「〈あの世とこの世をつなぐ統合媒体としての波動〉こそが、シェルドレイクのいう〈あの世と

この世をつなぐ形の共鳴としての形態共鳴〉にあたる」
といえよう。いま、そのことを「生命」についていえば、
「シェルドレイクのいう〈形態共鳴場の理論〉とは、四次元世界のあの世の〈見えない生命〉
が、〈形の共鳴の場〉（私のいう波動伝達の場）を通じて、三次元世界のこの世の〈見える生命〉
に移される理論である」
ということである。それゆえ、
「シェルドレイクの〈形態共鳴場の理論〉とは、あの世とこの世は〈形の場〉と〈形の共鳴〉、
すなわち〈形態共鳴〉によって〈つながって〉いるとの理論である」
といえよう。とすれば、
「シェルドレイクのいう〈形の場〉が、私のいう〈宇宙の意思〉に、シェルドレイクのいう〈形
の共鳴〉が、私のいう〈宇宙の意思が刻印された波動〉にそれぞれ相当する」
ことになろう。
それればかりか、シェルドレイクの「形態共鳴場の理論」によれば、
「〈形の共鳴〉は人間をも含むすべての生物のみならず、人間の創造する〈社会システム〉とし
ての〈文明〉にも起こり、それによって〈現在の文明〉はかつて存在した〈過去の文明〉と同様
な〈文明形態〉に導かれる」
という。とすれば、これもまた、私の「文明興亡の宇宙法則説」にいう、

「東西両文明は有史以来、これまでに互いが八〇〇年の周期で今日までに八回も興亡を繰り返しているにもかかわらず、互いが互いの〈文明形態〉（文明遺伝子）を堅持し、決して〈混ざり合う〉ことなく、連綿として継続している」

ことによっても見事に立証されていることになる。それゆえ、これらの点が、「シェルドレイクの〈形態共鳴場の理論〉と、私の〈文明興亡の宇宙法則説〉（英訳本 *"Eastern Sunrise, Western Sunset"*）とが理論的に近い」

とされる所以である。このようにして、結局、「〈見えない世界を科学〉する、〈量子論〉とシェルドレイクの〈形態共鳴場の理論〉と〈本書〉は、〈従来の学問の域を超える学問〉を指向する点において一致している」

ということになろう。

なお、このシェルドレイクの「形態共鳴場の理論」について詳しくは、Rupert Sheldrake の『*A New Science of Life*』や、私の『文明の大逆転』、および『見えない世界を科学する』などを参照されたい（参考文献26）。

第四部

進化する量子論

――物質世界の解明

第二部では、「量子論の観点」から、人類にとってもっとも知りたくてもっともわからない「見えない心の世界の不思議」（コペンハーゲン解釈）について明らかにし、つづく第三部では、同じく「量子論の観点」から、人類にとってもっとも知りたくてもっともわからないもう一つの「見えない心の世界のあの世と見える物の世界のこの世の関係の不思議」（相補性）についても明らかにしたが、その「量子論」は現在もなお「進化」し続けている。それゆえ、この第四部と次の第五部では、そのように「進化し続ける量子論」を、それぞれ「物質世界の解明の面に見る進化」と、「心の世界の解明の面に見る進化」に分けて、より深く考察することにする。はじめに「物質世界の解明の面に見る量子論の進化」から考察することにする。

一　量子論が指向する未来科学、ナノテクノロジーの世界

「量子論」は、すでに「ナノメートルの世界」すなわち「一〇億分の一メートルの極微の世界」（一〇〇万分の一ミリメートルの極微の世界）を研究対象とする物理学であり、その「応用分野」もまた現在では「ナノテクノロジーの世界」に入っているといわれている。以下においては、このような「ナノテクノロジーの面」での「量子論の進化」について見ていこう。

1　トンネル効果の発見

量子論の対象とする「ミクロの世界」には「数々の不思議」があるが、その中の一つに「トンネル効果」（トンネル現象）というのがある。ここに「トンネル効果」とは、マクロの世界から見れば決して通り抜けられないはずの壁を、ミクロの粒子が「擦り抜ける現象」のことであるが、それはミクロの「粒子」が「波の性質」を持つことによって起こる現象のことであり、量子論によってはじめて発見された。

事実、ミクロの光はガラスというマクロの壁を「擦り抜ける」ことができるし、携帯電話のミクロの電波もマクロの鉄板やコンクリート壁などを「擦り抜ける」ことができるが、それらはすべて量子論によって発見された「トンネル効果」によって起こる現象であり、今日見る「デジタル機器」の多くはこの性質を利用したものである。したがって、量子論による「トンネル効果」の発見がなければ、今日、見るような「人類進化の象徴」の一つともいえる「ＩＴ機器」の開発も、「ＩＴ社会」の誕生も決してなかったといえよう。

2　半導体の発見

ミクロの世界を研究対象とする「量子論」は、マクロの世界の「金属」や「絶縁体」や「半導体」などの、さまざまな「固体の性質」を次々と解明していった。その結果、明らかにされたことは、「ミクロの世界」から見れば、マクロの世界の「金属」とは「自由電子」（自由に動き回る電子）を持つ物質、それゆえ「電流をよく流す物質」のことであり、反対に「絶縁体」とは「自由電子を持たない物質」、それゆえ「電流を流さない物質」のことである。たとえば、木材やプラスチックなどは「絶縁体」である。また「半導体」とは、金属と絶縁体の「中間」にあたる物質のことであり、自由電子は少ないが、温度を上げたり、不純物を加えたりすると「自由電子が増える物質」のことである。ちなみに、シリコンなどがそれである。

事実、量子論によって、シリコンのような「半導体」の「電子の振舞い」が基本的に解明されるようになったおかげで、その「半導体の性質」をうまく利用して「電気回路の部品」などへの応用が可能になった。その結果、現在見るような「半導体」を利用した「コンピュータ」などの「量子機器」が開発されるようになり、今日の「IT社会」への道が大きく開かれるようになった。ちなみに、現代の私たちの生活にとっては、もはや欠かせない「マイクロエレクトロニクス」や「ナノテクノロジー」なども、すべてこのミクロの世界の扉を開いた「量子論」のおかげである。

このように、量子論がこの世（現在の物質社会）にもたらした功績は極めて大きいといえよう。ちなみに、その主要な功績としては、テレビ、携帯電話、GPS、DVD、パソコン、デジタルカメラ、MRI（核磁気共鳴画像診断法）、超伝導を利用した浮上式リニアモーターカー、原子一個の操作さえも可能な原子レベルの走査型トンネル顕微鏡など、すでに数え切れないほどの「量子関連機器」が開発されている。

3　量子ビットの発見（量子コンピュータの開発）

さらに最近では、前述のような「量子論の原理」を最高度に利用しようとする「未来科学」の一つとしての「量子コンピュータ」の開発が非常に注目を浴びるようになってきた。

量子コンピュータは、前述のような「半導体ビット」を利用するコンピュータではなく、「量子ビット」を利用するコンピュータのことで、まだ基礎研究の段階にあるが、それが実現すれば現在のスーパー・コンピュータでさえ足下にも及ばないほどの「超高速大量計算」が可能になって「未来科学の裾野」が無限に広がり、やがて「想像を絶する」ような「未来コンピュータ社会」が到来するであろうと大いに期待されている。

「量子コンピュータの原理」は、一九八五年にイギリスの物理学者のデヴィッド・ドイチュによって考案されたが、その原理の実用化は非常に難しく、その後は専門家の間での話題にとどまっていたという。ところが、一九九四年にアメリカのベル研究所のピーター・ショアが「量子コンピュータ」を使えば、「因数分解」が「超高速」で行えることを示したことによって状況は一変したといわれている。

以下、このような「量子コンピュータの原理」の概要について、和田純夫監修「ニュートン別冊」の『量子論　改訂版』を参考に説明しておこう（参考文献27）。ここに、前述の「因数分解」とは、たとえば221という数を、221＝17×13というように、より小さい数の掛算の形で表す（因数に分解して掛算する）ことであるが、因数分解は大きな数になればなるほど、その計算が飛躍的に困難になる。たとえば、一万桁の整数を因数分解するには、現在のスーパーコンピュータですら「一〇〇〇億年」以上もの時間がかかるといわれている。ところが、それが「量子コンピュータ」によればわずか「数時間」で終わるという。

量子コンピュータの計算処理法の原理は、現在の「半導体ビット」を利用したコンピュータのように、「0」と「1」だけを使う「二進法の原理」とはまったく異なり、「量子ビット」を使った「並列処理の原理」によるといわれている。ちなみに、二進法では、0は「0」、1は「1」、2は「10」、3は「11」、4は「100」となり、しかも「0」と「1」は、電流が「流れていない状態が0」で「流れている状態が1」という方法で表現されている。そして、このような「通常のコンピュータ」によって、二進法で二桁までの四つの数「00」「01」「10」「11」（一〇進法で0〜3）を入力し、何らかの計算処理（入力値を二倍にして出力するなど）を行う場合には、「00」を入力して、その処理が終わった後に、「01」を入力して次の処理を行うというように、データを入力するごとに一つひとつの計算を行っていくことになる。つまり、四つのデータに対しては、四回の入力と計算が必要になるということである。

これに対し、量子コンピュータなら、一つの処理装置に「00」「01」「10」「11」の四つのデータを一度に入力して、しかもそれを一度に計算するといった「並列処理」ができるという。ちなみに、二進法で三桁の数を入力する場合なら2^3（＝8）通り、二進法で一〇桁の数を入力する場合なら2^{10}＝1024通り、二進法で三〇桁の数を入力する場合なら2^{30}＝10億7374万1824通りの組み合わせ計算になるのを、量子コンピュータによれば「一度に計算」できるということは、

「量子コンピュータであれば、データの桁数が大きくなればなるほど圧倒的な威力を発揮するこ

とができる」

ことになる。そのさい、とくに注目すべき重要な点は、

「そのように驚異的な量子コンピュータの〈並列計算〉を可能にすると考えられているのが、量子に特有の〈状態の共存〉である〈量子からみ合い〉（量子重ね合わせ、エンタングルメント）の利用であり、さらにそれを実現可能にすると考えられているのが、これも量子に特有の〈電子の自転〉である〈電子のスピン〉を〈量子ビット〉として利用する」

ことである。より詳しくは、

「いま、〈量子からみ合いの状態〉の二つの電子があるとすると、それぞれの電子は観測しない段階では、右回りと左回りの自転の〈重ね合わせの状態〉にあるが、それが〈観測された瞬間〉に、その自転の〈重ね合わせの状態〉が消え、一方の電子が右回りに自転していることが確定すれば、その瞬時に他方の電子の自転も右回りに確定するし、逆に一方の電子が左回りに自転していることが観測されれば、その瞬間に他方の電子の自転も左回りに確定することになる」

ということである。そして「量子コンピュータ」こそは、そのような「電子のスピン」を「量子ビット」として利用する「量子論に基礎」をおいた、まったく新しい型の「正真正銘のスーパー・コンピュータ」であるということである。しかも、

「量子コンピュータで〈超高速並列計算〉を行うには、さらに〈複数の量子ビット同士がからみ合う〉ことが必要である。なぜなら、〈からみ合っていない状態の量子ビットの列〉は、〈外部か

らの制御〉を受けると、それぞれが〈単独で動いて〉しまう」からである。これに対し、

「〈からみ合った量子ビットの列〉は、〈列全体が一体〉となって振舞うから、一つの量子ビットに操作を加えても、〈他の量子ビットとの関連性〉は決して失われない」

ことになる。そして、これこそが、

「量子コンピュータで〈超高速並列計算〉が可能になる〈必須条件〉である」

とされている。ただし、ここで注意すべき点は、

「〈からみ合っている〉といっても、実際に見える〈物質的な何か〉で〈からみ合っている〉のではなく、〈見えない何か〉によって〈からみ合っている〉のであり、しかも、その〈見えないからみ合い〉こそは、量子論でしか説明できない〈不思議な現象〉である」

とされていることである。このような点からして、

「〈量子コンピュータ〉こそは、量子論に基礎をおく、本当の意味でのまったく新しい〈未来指向型〉の〈正真正銘のスーパー・コンピュータ〉である」

ことは間違いなかろう。その証拠に、「量子コンピュータ」は、この後に述べる「重ね合わせの宇宙」、いわゆる「多重宇宙」（並列宇宙）の解明にも「多大な威力」を発揮するものと期待されている。

その他にも、私が「量子コンピュータ」に寄せる期待としては、

第一に「量子コンピュータ」の出現は、人類の「未来社会」をして想像を絶するような「高度な文明社会」へと導いてくれること、

第二に「量子コンピュータ」の出現は、人類究極の課題とする「心の世界の扉」を開き、人類に「真に生きる希望の灯」を点《とも》してくれること、

などである。ちなみに、後に述べる「量子コンピュータ」による、「あの世への映像による心の旅路」、すなわち「映像による心のタイムトラベル」などがそれである。事実、もしも「量子コンピュータ」によって「あの世への映像による心の旅路」が可能になれば、昔の懐かしい人たちにも「映像」で会えることになろう。なんと感動的で、なんと夢多きことであろうか。

最後に、このような「量子コンピュータの開発」の実状についてもいえば、二〇〇一年には、実際に量子コンピュータによって簡単な「因数分解」の問題が解かれたとの報告もあったが、現状ではまだ開発途上にあって、さまざまな方式の「量子ビット」が考案されている段階であるという。「未来の量子コンピュータ」が、現在のような「万能型コンピュータ」になるか否かは、現状では未定であるとされている。ところが驚くべきことに、二〇一二年のノーベル物理学賞が、なんと素粒子物理学者のセルジュ・アロシュ氏に対し、「セルジュ・アロシュ氏は、量子コンピュータの開発に道を拓いた」

として授与された。詳しくは、同氏に対し、

「セルジュ・アロシュ氏は、イオンをビットとして用いた量子コンピュータの実現が、今世紀中にも可能になることを示す基本的な実験に成功した」

として授与された。それによって、

「〈量子コンピュータ〉が〈今世紀中〉にも〈登場〉する」

との期待が大きく高まってきたといわれている。その意味する重要性は、後にも明らかにするように、

「人類の〈叡智《えいち》〉は、人類の〈望むところ〉をいつかは必ず〈実現〉する」

ということである。なぜなら、それは、

「人類のこれまでの〈積年の叡智〉が、人類のこれまでの〈積年の望み〉を〈叶えて〉きた」

からである。

二　量子論が解き明かす真の宇宙像

以上、「物質世界の解明の面に見る量子論の進化」として、「未来科学の創造の面に見る進化」についいて見てきたので、ついでもう一つの「宇宙像の解明の面に見る進化」についても見ておこう。具体的には第一部の「見えない宇宙の探索」におけるさらなる進化がそれである。

1　宇宙はエネルギーのゆらぎから生まれた

「量子論」と「一般相対性理論」との「融合理論」とされている、新しい「量子重力理論」（後述）の誕生によって、解明がもっとも期待されていることの一つに「宇宙誕生の謎」があるという。しかも、それは、

「人類の叡智が挑戦しうる究極の謎（課題）」

ともされている。なぜなら、私見では、

「〈宇宙誕生の謎〉を解明することは、究極的には宇宙を創造し、それをコントロールしている

〈先験的宇宙情報〉としての〈宇宙の設計図〉（量子論学者は、それを〈神の数式〉とも呼んでおり、南部陽一郎氏はこの分野の研究者の一人で、その研究業績の『自発的対称性の破れ』によって二〇〇八年にノーベル賞を受賞された）を探ることであり、それはさらにその〈宇宙の設計図〉を創造した〈宇宙の意思〉（神の心）を探ることにもなり、それがやがては〈人類究極の課題〉の〈心の世界の解明〉へとつながる」

ことになるからである。

宇宙が「膨張」し続けている仕組みは、「一般相対性理論」によって解明されているが、現在も宇宙は時間とともに膨張し続けている。ということは、その時間を逆に遡《さかのぼ》れば、過去の宇宙は現在の宇宙よりもはるかに小さかったことになる。そして、その一番初めの「生まれたての宇宙」は、なんとミクロの「原子」よりもさらに小さかったと推測されている。そして、そのような「ミクロの宇宙」が、突然「ビッグバン」と「インフレーション」によって、現在のような「マクロの宇宙」（膨張宇宙）になったと考えられている。

そうであれば、そのような原初の「ミクロの宇宙の研究」については「量子論」の観点から、一方、その後の膨張宇宙の「マクロの宇宙の研究」については「一般相対性理論」の観点から、それぞれ考えなければならないことになろう。

はじめに、「量子論」の観点から考えられている「ミクロの宇宙の誕生の謎」についていえば、後にも明らかにするように、量子論では、

「宇宙は〈真空のエネルギー〉からなっており、そこでは〈物質〉（素粒子）が生まれたり消えたりしている」

とされている。とすれば量子論にいう、

「〈宇宙の無〉とは、完全な無ではなく、〈真空のエネルギー〉によって〈無の状態〉と〈有の状態〉が〈ゆらい〉でいて、そこでは〈素粒子が生滅している状態の無〉である」

ということになる。そして、そのような、

「〈無の状態〉と〈有の状態〉がゆらいでいる〈ミクロの素粒子の状態〉から生まれた〈ミクロの宇宙〉が、突然、急膨張（ビッグバンとインフレーション）を起こして、現在の〈マクロの膨張宇宙〉へと成長した」

と考えられている。これこそが、最近になって一般相対性理論とは別に、

「〈量子論〉によって解き明かされた、〈最新の宇宙誕生の謎〉」

とされている。

ついで、「一般相対性理論」の観点から考えられている「マクロの宇宙の誕生の謎」についても説明すれば、「一般相対性理論」では、

「宇宙は〈無〉から生まれた」

とされている。しかも、一般相対性理論にいう、

「〈宇宙の無〉とは、時間と空間を合わせた〈時空〉すらもない状態の〈無〉である」

とされている。

そして、これら二つの「宇宙誕生論」のうちの「量子論による宇宙誕生論」によって、はじめて以下のような「真の宇宙像」が解明されるようになってきた。

2 宇宙空間のエネルギーが新しい物質（暗黒物質）を生み出す

量子論によれば、ミクロの世界では「エネルギーと時間」の関係についても「不確定性原理」が成立するという。もちろん、人間が認識できる程度の「マクロの世界の時間」では、「エネルギーの不確定さ」（エネルギーのゆらぎ）は無視できるが、人間が認識できないような「ミクロの世界の時間」では、「エネルギーの不確定さ」（エネルギーのゆらぎ）は無視できないほど大きいという。それによって、

「〈ミクロの宇宙〉では、何も存在しないはずの〈宇宙空間〉から、〈エネルギーのゆらぎ〉によって、〈物質〉（暗黒物質）が瞬時に〈生まれ〉たり〈消え〉たりするという、新しい〈真の宇宙像〉としての〈真空のエネルギー宇宙像〉」

が明らかにされた。その証拠に、前記の素粒子の加速衝突実験によれば、

「10^{-20}秒（一秒の一兆分の一のさらに一億分の一秒）以下という超短時間では、真空内のある領域が非常に高いエネルギーを持ち、そのエネルギーが電子などの素粒子（暗黒物質）を生み出す」

ことが明らかにされている（図1-1を参照）。ただし、そのさい注意すべきことは、その衝突によって、色々な暗黒物質（素粒子）が生まれるという意味は、電子や陽子が分裂して多くの暗黒物質（素粒子）が生まれるという意味ではなく、

「電子や陽子の衝突によって発生する〈エネルギーそのもの〉が、〈色々な姿の暗黒物質〉（素粒子）に〈転化〉する（エネルギー移動の法則）」

ということである。ここに「エネルギー移動の法則」とは、「熱力学」の概念であり、

「エネルギーは、本来は同じエネルギーでありながら、運動エネルギーや電気エネルギーや熱エネルギーなどの色々な形のエネルギーに姿を変えながら、色々な物質（素粒子）へと移動する（転化する）」

という法則である。

ゆえに、以上を総じていえる「もっとも重要な点」は、結局、

「〈宇宙空間の真空のエネルギー〉は、〈暗黒物質としての万物を生み出す素因〉である」

ということである。あるいは見方をかえれば、

「〈宇宙の万物〉は、マクロの世界から見れば硬い物質の固まりのように見えても、ミクロの世界から見れば、その実体は一〇億分の一メートル以下の隙間だらけの〈宇宙エネルギーの変形〉であり、それは宇宙空間では〈生滅〉を繰り返しながら〈宇宙空間に同化〉している（同化の原理）」

ということである。以上が、

「〈進化する量子論〉が解き明かした〈真の空間像〉としての〈ミクロの世界のエネルギー像〉である」

といえよう。いいかえれば、以上が、

「〈進化する量子論〉が解き明かした、〈ミクロの世界〉から見た〈真の空間像〉としての〈真の宇宙像〉である」

といえよう。

以下、このような「真の宇宙像」としての「真空の宇宙像」についてより詳しく見ておこう。

(1) 真空の宇宙では暗黒物質(万物の素)が生まれたり消えたりしている

前記のように、量子論によって、

「宇宙空間では、〈真空のエネルギー〉が〈暗黒物質〉としての〈未知の素粒子〉〈それは万物の素となる〉を生み出す素因である」

ことが明らかにされたが、そのことはまた、見方をかえれば、

「宇宙空間では、〈真空〉でさえも、エネルギーは完全に〈ゼロ〉の状態ではありえない」

ということである。なぜなら、

「宇宙空間では、〈真空のエネルギー〉が完全に〈ゼロ〉だとすれば、〈エネルギーのゆらぎ〉が

なくなり、〈万物は生滅〉しなくなり、生命（心）も生滅しなくなる」

からである。その意味は、

「ミクロの世界では、〈真空のエネルギー〉は、ごく短時間であれば、〈ゆらぎ〉によって万物を〈生成〉させるが、すぐに〈消滅〉して元の状態に戻る」

ということである。いいかえれば、

「宇宙空間では、〈真空のエネルギーのゆらぎ〉はごく短時間であり、長時間では〈ゆらぎ〉はなくなるから、〈万物も生滅〉しなくなる」

ということである。

より詳しくは、真空から暗黒物質の素粒子の電子が生まれるとき、その素粒子の電子にそっくりで、しかもプラスの電気を持った素粒子の陽電子が必ず「ペア」で生まれることになる。なぜなら、電子はもともとマイナスの電気を持っているから、真空にマイナスの電気の電子が生まれると、それをプラスの電気の陽電子で打ち消す必要があるからである。同様な理由で、マイナスの電気を持った電子が消えるときには、プラスの電気を持った陽電子も必ず消えるということである。つまり、

「〈真空〉は何もない空間では決してなく〈エネルギーが生滅〉しながら〈ゆらいで〉いて、それによって〈暗黒物質〉（未知の素粒子としての万物の素）が〈生まれたり消えたり〉している」

ということである。とすれば、それこそが見方をかえれば、

「〈進化する量子論〉が〈科学的〉に解き明かした〈真の死生観〉である」ともいえよう。ゆえに、このことをさらに〈人間の生死〉にまで敷衍《ふえん》していえば、それこそが「進化する量子論」が「科学的」に解き明かした、

「人（その命や、その心）はどのようにして生まれ、どのようにして消え去るのか」

あるいは、

「人（その命や、その心）は何処《いずこ》より来たりて（どこで生まれ）、何処へ去るのか」

に対する「解答」それゆえ「科学的な死生観」といえよう。

なお、ついでながら、そのような「暗黒物質」を生み出す「真空の宇宙エネルギー」の存在の有無を「科学的」に検証する方法が、同じく量子論によって発見された「カシミール効果」である。なお、ここに「カシミール効果」とは、真空中のエネルギーの存在を示す「引力」のことであるが、それを検知する方法は、金属板によって挟まれた「内側の真空」と「外側の真空」とでは「真空中のエネルギーの大きさ」に「差」が生じ、それが「引力」（カシミール力）となって現れるので、それを計測することによって「真空中のエネルギーの有無」が検知されることになる。

(2) 暗黒エネルギーが宇宙を加速膨張させている

以上が、「進化する量子論」が解き明かした、宇宙空間の新しい「真空のエネルギー像」であ

るが、その「進化する量子論」は、その一方で、

「宇宙空間の〈暗黒エネルギー〉が〈万有斥力〉として〈宇宙を加速膨張〉させている」

ことをも明らかにした（図1-2を参照）。いいかえれば、「進化する量子論」は、

「宇宙は誕生以来、加速度的に膨張し続けているが、その〈加速膨張〉の原因こそが外ならぬ〈暗黒エネルギー〉としての〈万有斥力〉である」

ことをも明らかにしたということである。その意味は、

「宇宙空間の〈真空のエネルギー〉は、〈見えないミクロの宇宙〉に影響を及ぼしているばかりか、〈見えるマクロの宇宙〉にも影響を及ぼしている」

ということである。

ところが、アインシュタインは「宇宙は永久不変」と信じていたので、自身の「一般相対性理論」において、「宇宙の膨張」を抑えるための「重力効果の項」（重力は宇宙空間を縮小させる効果を持っている）を導入した。しかし、その後の観測によって、

「宇宙は一定不変ではなく、膨張し続けている」

ことが判明した。事実、第一部の図1-2に見るように、現在では「宇宙が加速膨張」していることは「周知の事実」となっている。そして、進化する量子論は、

「その〈宇宙膨張の要因〉こそが、宇宙空間の〈反重力エネルギー〉としての〈万有斥力〉である」

ことを解明した。事実、現在では、第一部の図1‐1に見るように、「この〈反重力エネルギー〉としての〈万有斥力〉は〈暗黒エネルギー〉（ダークエネルギー）とも呼ばれ、宇宙の全エネルギーの約七〇％をも占めている」と推測されている。

以上が、「〈進化する量子論〉が解き明かした〈宇宙膨張の真相〉である」といえよう。しかも、重要なことは、「〈宇宙膨張の真相〉を知ることは、同時に〈宇宙の行方の真相〉を知ることでもあり、それはまた〈生命の行方の真相〉を知ることにもなる」ということである。なぜなら、それは私が前著の『宇宙の意思』でも明らかにしたように、「宇宙＝時空＝生命」であるからである（参考文献28）。とすれば、このような観点からも、「〈宇宙の行方〉と同じ〈生命の行方〉（人は何処《いずこ》より来たりて、何処へ去るのか）を解明することもまた、〈心の世界〉の解明を目指す本書にとってのもっとも重要な課題の一つである」といえよう。

3　並行世界説としての多重宇宙説（もう一つの宇宙像）

ここにいう「もう一つの宇宙像」としての「並行宇宙」とは、「従来の宇宙論」では考えられもしなかったような、「量子論」によって解明された「まったく新しい宇宙像」である（参考文献29）。

この「並行宇宙」の考えは、エベレットが一九五七年に「パラレルワールド」として発表したが、彼は、そこで、

「ミクロの理論の量子論が自然界の基本原理であるならば、その基本原理はミクロの世界にかぎらず、基本的には、そのミクロの世界から構成されているマクロの世界の宇宙にも適用されるはずである」

と考えた。そこで、彼は先にも述べた「ホイーラの考え」と同じ考えに立って、

「宇宙（宇宙は基本的には電子からなっている）は、誕生以来、〈時空的〉に〈波動性の宇宙〉（見えない宇宙、あの世）と、粒子性の宇宙（見える宇宙、この世）の〈重ね合わせの状態〉（状態の共存性）になっていて、しかも、そのような宇宙が観察の度ごとに二つに〈枝分かれ〉して〈並行〉して存在し（それゆえ〈並行多重宇宙〉と呼んでよい）、その中の一つが現在の私たちが住んでいる宇宙である」

図4-1　並行多重宇宙のイメージ図

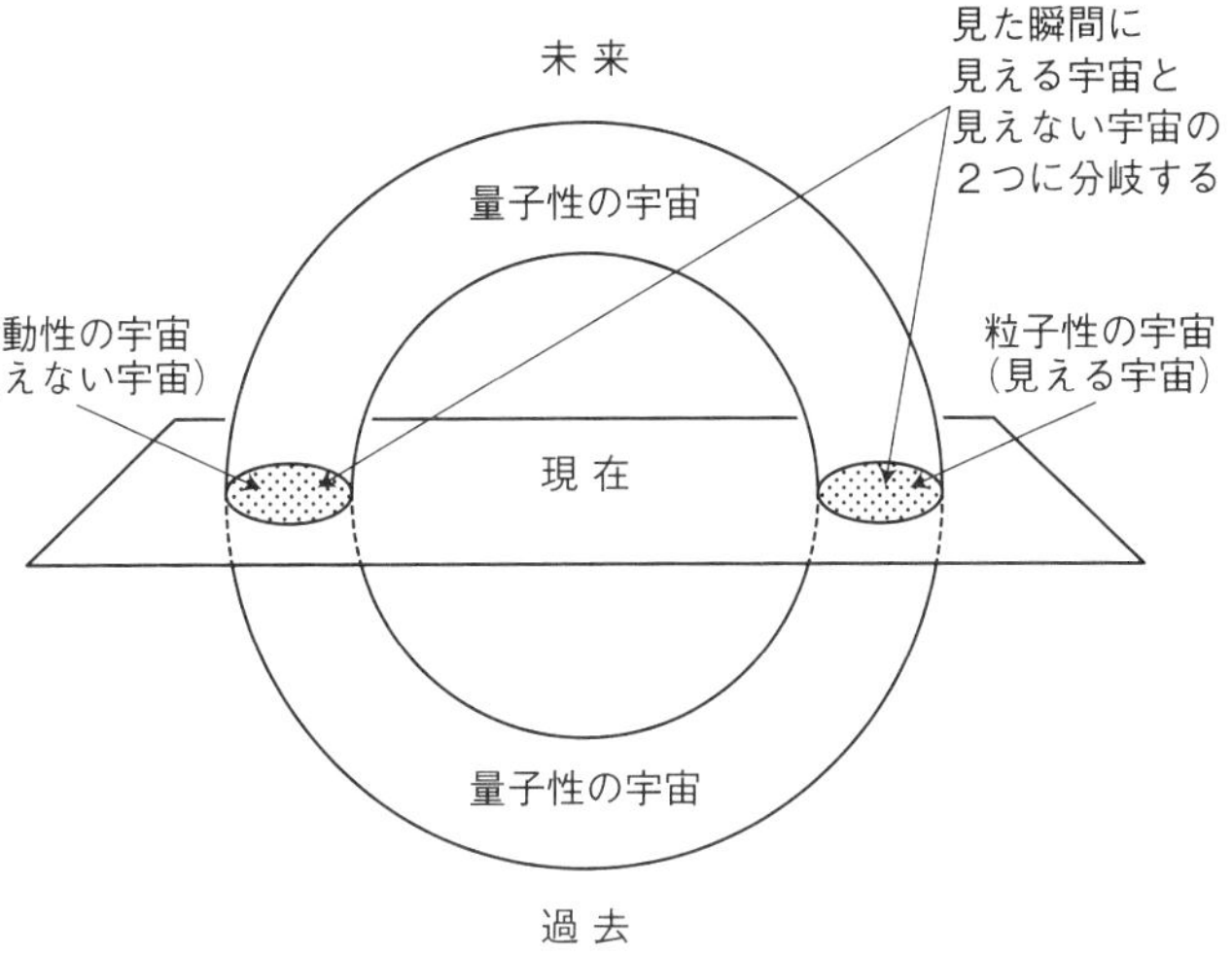

（F.カプラ『タオ自然学』工作舎 p.168を参考に作成）

と考えた。しかも彼は、

「一度、枝分かれしてしまった宇宙は、互いに交渉が絶たれて孤立化するため、私たちは自分の住んでいる宇宙のみが唯一の宇宙であると思うようになる」

と考えた。

そこで、以上のことを私見として「ビジュアル化」したのが図4-1である。この図は、先の図3-3のカプラの「対立する極の統合図」を借用して、私が着想した「並行多重宇宙のイメージ図」であるが、この図では、「波動性の宇宙」の「見えない宇宙」と、「粒子性の宇宙」の「見える宇宙」が「並行して、重なり合って相補関係」にあり、しかも「遠い未来の宇宙」は「遠い過去の宇宙」と「遠いところ」で「つながって」いて「ループ」していること（特殊相対性理論の拡大解釈、三四五頁を参照）を前提とした。

前述のように、量子論（そのコペンハーゲン解釈）では、電子が観測される前の電子の位置について、

「電子は観測されるまでは、一つの電子の中に、それぞれの位置にいる状態が重なって共存していて（状態の共存性）、どこか一箇所だけにいるとはいえない状態にある」

と考えられている（図2-5を参照）。

これに対し、「並行多重宇宙説」では、

「観測する前の電子はどこか一つの宇宙にだけいるが、その宇宙は私たちが知らないうちに枝分かれして、並行して重なり合って存在する」

と考える。いいかえれば、「コペンハーゲン解釈」では、

「一個の電子の中で、電子がそれぞれの位置にいる状態が重なり合って共存している」

と考えるのに対し、「並行多重宇宙説」では、

「電子がそれぞれの場所にいる宇宙が二つに〈枝分かれ〉し、しかも、それらの宇宙が〈並行〉して〈重なり合って存在〉している」

と考える。そればかりか、「並行多重宇宙説」では、

「私たち観測者自身もまた、それぞれの宇宙に枝分かれして共存していて、その枝分かれしたそれぞれの共存者（観測者）は、自分がどの宇宙にいるのか、電子を観測するまではわからないが、

電子を観測してはじめて、その電子が観測された宇宙が自分のいる宇宙であることがわかる」

という。つまり、並行多重宇宙説では、

「人間が観察するたびに、宇宙も人間も同時に二つに〈枝分かれ〉し、しかもその枝分かれした〈並行宇宙〉が〈重なり合って共存〉している」

と考える。ちなみに、そのことを先の「シュレディンガーの猫のパラドックス」を例にとれば、

「人間が観察するたびに、宇宙は猫が〈生きている宇宙〉と〈死んでいる宇宙〉に枝分かれして〈並行して共存〉し、しかもそれらの並行宇宙が重なり合って共存している」

と考える。さらにいえば「並行多重宇宙説」では、

「宇宙そのものが、生きている猫を見ている私たちの宇宙と、死んでいる猫を見ている私たちの宇宙に枝分かれし、しかもそれらの〈並行宇宙〉が重なり合って共存している」

と考える。

以上を要するに、エベレットは前述のように、ホイーラと同様な考えに立って、

「ミクロの理論の量子論が〈自然界の基本原理〉であるならば、その原理はミクロの世界だけではなく、基本的には、ミクロの世界から構成されているマクロの世界の宇宙にも適用できるはずである」

と考えた。そのような見地に立って、エベレットは、

「宇宙は、その誕生以来、その可能性の数だけ、いくつにも枝分かれして重なり合って共存しており、その一つが現在の私たちが住んでいる宇宙である」

と考えた（図4–1を参照）。とすれば、

「私たちが知らないところには、別の宇宙がいくつも並行して重なり合って共存していて、そこには、それぞれもう一人の私がいる」

ということになる。

以上、「並行多重宇宙説」について見てきたが、それに関連して、ここでもう一つ付記しておきたい重要な点は、このような、

「並行多重宇宙説によれば、量子論の基本理論の〈コペンハーゲン解釈〉（状態の共存性や波束の収縮など）に対する、前述の〈シュレディンガーの猫のパラドックス〉も矛盾なく解決できる」

ということである。そこで、以下、この点についても改めてもう一度説明すると、エベレットの「並行多重宇宙説」によれば、

「シュレディンガーの仮想実験での、放射性物質と猫が入っている箱は、ある時間後には、観察者が気づかぬうちに二つの宇宙に分かれ、しかもそれらが重なり合った状態になっている」

と考える。すなわち、

その第一の宇宙は、箱の中で放射性物質が原子核崩壊を起こして、毒ガスが発生し猫が死んで

いて、その箱の外側に観察者がいる宇宙。

その第二の宇宙は、箱の中で放射性物質が原子核崩壊を起こさずに、毒ガスが発生しておらず猫が生きていて、その箱の外側に観察者がいる宇宙。

その場合、当然のことながら、第一の宇宙では、観察者が箱の蓋を開けて中を見れば猫は死んでいるし、第二の宇宙では、観察者が蓋を開けて中を見れば猫は生きていることになる。

ゆえに、このように考えれば、箱を開ける前の「猫の生死」を問題とする「シュレディンガーの猫のパラドックス」は矛盾なく解消されることになる。つまり、エベレットは「シュレディンガーの猫のパラドックス」を解決するための新しい解釈法として、

「〈生きている猫の宇宙〉と〈死んでいる猫の宇宙〉が〈共存している宇宙〉を考え、その宇宙が観察を繰り返すごとに〈生きている猫の宇宙〉と〈死んでいる猫の宇宙〉に〈分岐〉し、〈生きている猫〉と〈死んでいる猫〉とがそれぞれ〈別々の宇宙〉に〈重ね合わせ〉の状態で並存している」

と考えたということである。ゆえに、このように考えれば、

「観察を繰り返すたびごとに、それぞれの重なり合った並行宇宙では、猫は〈生きている〉か〈死んでいるか〉のどちらかであるから、〈半死半生の猫〉を考える必要はなくなる」

ことになる。これが、エベレットによる「シュレディンガーの猫のパラドックスの解釈」である。

そこで、このような見地に立って、前述のことを改めてもう一度「理論的」に説明しなおせば、「コペンハーゲン解釈」では、

「人間が観測する前までは、電子が位置Aにある状態と、位置Bにある状態が共存していたのに〈状態の共存性〉、人間が観測した瞬間に、電子の位置は、そのうちのいずれか一箇所だけに決まる〈波束の収縮性〉」

ということである（図2-5を参照）。これに対し「エベレットの解釈」では、

「人間が観測するまでは、電子が位置Aにある状態と、位置Bにある状態が共存していたのに、人間が観測した瞬間に、電子の位置は位置Aにある状態と位置Bにある状態に〈分岐〉する」

ということである。そして、この考えを「宇宙規模」にまで敷衍したのが、エベレットの「並行世界説」、私のいう「並行多重宇宙説」であるといえよう。ゆえに、このような「宇宙論」によれば、

「人間が観察するまでは〈共存していた宇宙〉が、人間の観察によって、つぎつぎと多くの〈並行宇宙に分岐〉し、しかもそれらが多重化する」

ことになる。その結果、

「観察によって分岐した複数の並行多重宇宙は、互いに関係が断ち切られ影響し合うことがなくなるので、それらの宇宙を観察する人間もまた分岐して複数存在する」

ことになる。そのため、

「観察を繰り返すたびごとに、人間も何度も〈分裂〉を繰り返して〈複数の分身〉になり、それぞれの分身が異なる〈別々の宇宙〉に住む」

ことになる。もちろん、そのさい、

「それぞれの分身は一つの宇宙を知覚するだけで、自分を自覚している自我も一つだけである」

ことになる。その結果、

「別々に切り離された〈宇宙の分身〉のそれぞれに、〈別々の宇宙の現実〉〈別々の宇宙の実在〉と、〈別々の宇宙の意思〉が存在することになり、分裂が繰り返されるごとに、量子的なゆらぎの選択によって、互いの〈分身宇宙〉は同じ行動をとらない」

ことになる。これこそが、

「エベレットの〈並行世界説〉によって提示された、もう一つの〈新しい宇宙像〉である」

といえよう。


以上を要するに、「ミクロの世界の電子の世界」を対象とした量子論の「コペンハーゲン解釈」を、ホイーラと同様、「マクロの世界の宇宙」にまで拡大解釈したのがエベレットの「多世界解釈」である。それゆえ「多世界解釈」では、

「量子論の〈コペンハーゲン解釈〉がミクロの電子の世界の根本原理であるならば、その電子から構成されているマクロの世界の宇宙もまた同じ原理で説明されるはずである」

と考える。その結果、「多世界解釈」では、〈電子の無数の共存〉と同様、マクロの世界にも〈無数の世界（宇宙）が共存〉している

「ミクロの世界の〈電子の無数の共存〉と同様、マクロの世界にも〈無数の世界（宇宙）が共存〉している」

と考える。

より詳しくは、「コペンハーゲン解釈」では、観測のときには「波束の収縮」が起こるので、マクロの世界は「一つしかない」と考えるのに対し、多世界説では、マクロの世界にも「複数の世界」（複数の宇宙）が「共存」していると考える。しかも、それらの世界（宇宙）は互いに干渉することのない「別個の世界」（個別の宇宙）であるという。その意味は、

「電子のレベルである〈ミクロの世界〉であれば、複数の状態は互いに干渉することによって影響し合うが、〈複数の状態全体で一つの電子のレベルであるマクロの世界〉では、そのようなことはない」

ということである。その結果、

「〈マクロの世界〉（宇宙）では、〈共存する状態〉は互いに〈無関係〉で何の影響もし合わないから、〈他の世界〉（他の宇宙）の存在が実感されることもなければ、〈多くの世界（多重宇宙）の存在〉が実感されることもない」

ということになる。

以上が、ここにいう「もう一つの宇宙説」としての「多重宇宙説」についての私の理解である。

第五部

量子論の明日への期待

――心の世界の解明

第四部では、日々「進化する量子論」を「物質世界の解明の面に見る進化」として考察したので、ここ第五部では、そのように日々「進化する量子論」を「心の世界の解明の面に見る進化」としても考察し、それを改めて「量子論の明日への期待」と題して述べることにする。

一　多重宇宙説の研究こそが新たな真理の扉を開く

第四部の「進化する量子論」では、「多重宇宙説」についても考察したが、その研究にとって「新たな基礎理論」になると考えられているのが、「量子論」と「相対性理論」を融合させた「究極の物理理論」とされている「量子重力理論」であるといわれている。それを逆説的にいい表せば、

「量子論の一研究分野の〈多重宇宙の研究〉こそが、究極の物理理論とされる〈量子重力理論〉への新たな扉を開く〈契機〉となり、それこそが、ひいては〈量子論に対する明日への期待〉としての〈心の世界の解明〉への重要な切札（その一歩）になる」

ということになろう。

かつて人類は、外部からエネルギーを与えなくても、永久に運動を続けることができる装置としての「永久機関」の開発を夢見た。しかし、結局は「エネルギーは無から生み出すことは決してできない」との真理を知るに至った。ところが、それが結果的には、人類にとって「エネルギー保存の法則」という「新たな真理」への発見につながった。

同様に、人類はあらゆる物質を「金」に変える「錬金術」の開発にも挑戦し、それもまた結局は「夢の研究」に終わったが、結果的には、それが人類にとって今日、見るような「化学の大発展」へとつながっていった。

とすれば、私は、

「人類がいま追求しようとしている〈多重宇宙の研究〉もまた結果的には夢の研究に終わるかもしれないが、それがいつの日か、人類にとっての〈究極の物理学〉とされる〈量子重力理論〉への新たな道を切り開き、人類にとって〈究極の謎〉とされる〈心の世界の解明〉へとつながり、さらには以下のような疑問にも解答を与えてくれる契機になるかもしれない」

と考える。

その「究極の謎」とは、

①三次元世界のこの世では、「空間」には「前」と「後」の基本的な区別はなく「双方向通行」なのに、なぜ「時間」には「前」（過去）と「後」（未来）の基本的な区別があって、しかも「一方通行」なのか。つまり、三次元世界のこの世では、なぜ「空間は双方向通行」なのに、「時間は一方通行」なのか。また、それを支配する「因果律」の持つ意味は何なのか。

②四次元世界のあの世では、時間と空間は「時空」として「区別」されず（特殊相対性理論）、空間はもとより、時間もまた過去も未来もなく「双方向通行」なのはなぜか。つまり、四次元世

界では時間にも「因果律」がなくなり、空間も時間も「双方向通行」になるのはなぜか。

③そうであれば、「時間が一方通行」の三次元世界のこの世での、「電子」に見られる「遅延選択の実験結果」をどのように解釈すればよいのか。その意味は、「電子」は「時間一方通行」の三次元世界のこの世でも、「人間の意識」（心）によって、「時間双方向」になるのはなぜか。また、それと「因果律」との関係はどうなっているのか。

④量子論によれば、見えない四次元世界のあの世（裏の世界、死の世界、心の世界、実像の世界）と、見える三次元世界のこの世（表の世界、生の世界、物の世界、虚像の世界）は、「相補的」で「つながっている」のに（ベルの定理とアスペの実験）、なぜ人間にとっては両者は切り離されて、三次元世界のこの世は見えるのに、四次元世界のあの世は見えないのか。また、それを支配する「自然の二重性原理」や「自然の相補性原理」とは何なのか。さらに、それと「因果律」とは関係があるのかないのか。

⑤もしも、これらの問題が解明されれば、人類が希求してやまない〈あの世とこの世の交流〉（あの世とこの世のタイムトラベル）も実現可能になるのか。

などである。

なお、ついでながら参考までに、前述の点に関連して、「時間と空間の関係」についての佐藤勝彦氏の所見をも付記しておけば、同氏は、それを図5-1によって次のように説明している。

図5-1　空間と時間の関係

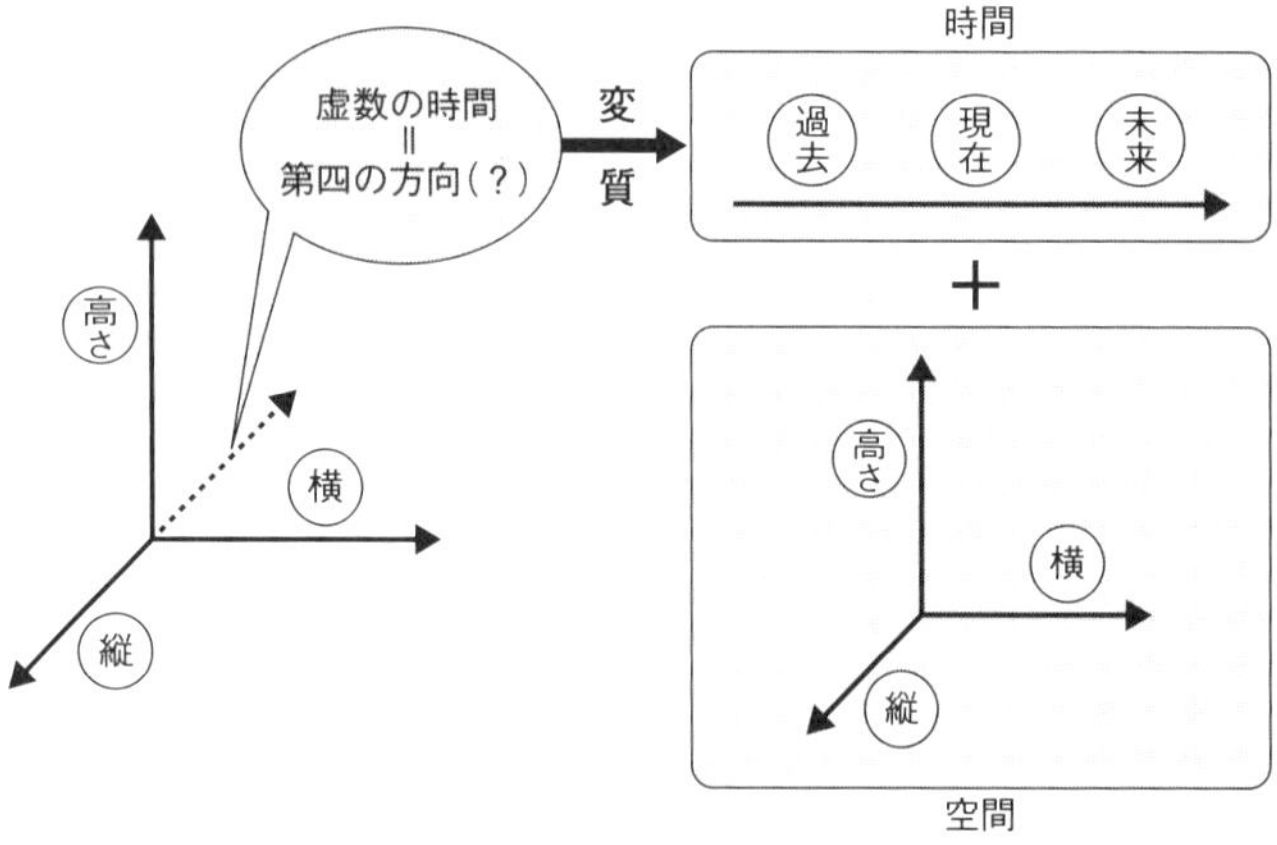

かつては時間（実数の時間）は存在せず、かわりに
四つの次元を持つ空間が存在した？

（佐藤勝彦監修『タイムマシンがみるみるわかる本［愛蔵版］』PHP研究所p.183を参考に作成）

すなわち、

『虚数の時間を、数学的に、空間の一つの次元（方向）と同じものに当たると考えると、かつて時間は存在しなくて（それゆえ因果律はなくて：著者注）、四つの次元を持つ四次元空間が存在しており、その四次元空間のうちの一つの次元が、何らかの理由で変質し、それがやがて私たちの知る実数の時間になった（それゆえ、因果律のある時間になった：著者注）のかもしれない』

といっている（参考文献30）。

このようにして、結局、私は、「〈量子コンピュータの開発〉と〈多重宇宙説の研究〉こそが、いつの日にか（おそらくは今世紀中にも）、〈量子重力理論〉への新たな扉を開き、それがやがて〈新たな真理への道標〉となり、ついには、ここにいう〈量子論の明日への期待〉としての〈人類究極の謎の心の世界の解明〉へとつながっていくのではなかろうか」と考える。

二　人間の生物的時間と宇宙時間

以上、私は本書を通じて「特殊相対性理論」にいう「物理的時間」について考察してきたので、最後に、視点を大きくかえて、「その〈物理的時間〉と同じ時間を、〈心の世界〉に生きる人間にとっての〈生物的時間〉としての〈心の時間〉としても考察し、それが同時に、人間と同じく〈心〉を持った〈宇宙の時間〉とどのような関係にあるか」

について明らかにし、それをもって、本部にいう「量子論の明日への期待」としたい。

まず「人間にとっての生物的時間」から見ていこう。この点については佐藤勝彦氏の見解を参考に私見を述べる（参考文献31）。

1　生理時計

ほとんどの生物は「体内時計」といわれる「生物時計」としての「宇宙時計」を持っていて、その「宇宙時間」によって生かされている。人間が時計を見なくても時刻が感覚的にわかるのは、そのような体内にある「周期的リズム」としての「宇宙時計」の「生理時計」を利用しているからである。その「生理時計」として知られているのが「サーカディアンリズム」である。「サーカディアン」とは、ラテン語のサーカ（おおよそ）とディアン（一日）の合成語で、「サーカディアンリズム」とは「おおよそ一日のリズム」という意味である。ちなみに「睡眠と覚醒のサイクル」や「体温の変動」など、人間の「生理機能」にみられるほぼ「二四時間リズム」のことである。

もちろん、この「サーカディアンリズム」は、人間だけでなく動植物から単細胞生物にいたるまでのほとんどの生物にみられる「生理リズム」のことである。それは、生物が地球の「昼夜の変化」に適応する過程で、長い長い時間をかけて獲得してきた「宇宙リズム」としての「生存リズム」のことである。そして、この「二四時間リズム」の「生理時計」を作り出している主な器官は、脳の「視床下部」の「視交叉上核」と「松果体」と「目の網膜」の三つであるとみられている。ちなみに、哺乳類ではこの中の「視交叉上核」が中心的な役割を果たしているし、鳥類や爬虫類では「松果体」が主な役割を果たしているとみられている。

2　心理時計

以上は、「宇宙時計」としての人間の「生理時間」についてみてきたが、ついで、それを人間の「心理時間」との関連でもみておこう。その意味は、

「人間について前述の宇宙時間を、生理的な時間との関連で、心理的な時間としてもみておこう」

ということである。一般に、人間の「生理的時間」との関連で、人間の「心理的時間」の速さを左右する要因として知られているものに、次の三つの要因があげられるが、それらはその提唱者のポール・ジャネの名に因《ちな》んで「ジャネの法則」と呼ばれている。詳しくは、以下のとおりである。

①人間は生理的に興奮して体温が上がるほど、心理的には時間の流れを「遅く」（長く）感じる。

ちなみに、人間は興奮すると体温が上がって「体内時計」が速くなり、脳内の酸化新陳代謝の速度も速くなるから、生理的には同じ時間でも、「心理的」には「遅く」（長く）感じる。すなわち、なかなか「時間が経たない」と「長く」感じる。逆にいえば（逆法則としていえば）、生理的

に平静であるほど「体内時計」が遅くなり、生理的に同じ時間でも、「心理的」には「速く」感じる。すなわち、「時間が速く過ぎた」と「短く」感じる。

②人間は生理的に同じ時間でも、時間の経過に注意を向けるほど、心理的には時間の流れを「遅く」（長く）感じる。

ちなみに、嫌なことがあって時間が速く過ぎてくれないかと考えるほど、「心理的」には「遅く」感じる。すなわち、なかなか「時間が経たない」と「長く」感じる。逆にいえば（逆法則としていえば）、時間の経過に注意が向けられないほど、あるいは時間が経つのに無関心であるほど、あるいは何かに集中しているほど、生理的に同じ時間でも、「心理的」には「速く」感じる。すなわち、「時間が速く過ぎた」と「短く」感じる。

③人間は生理的に同じ時間でも、時間の経過中で起こる出来事が多いほど、心理的には時間の流れを「遅く」（長く）感じる。

ちなみに、出来事が複雑なほど、あるいはその出来事が強烈なほど、「心理的」には「遅く」感じる。すなわち、時間がなかなか過ぎないと「長く」感じる。逆にいえば（逆法則としていえば）、時間の経過中に起こる出来事が少ないほど、あるいはその出来事が単純（単調）なほど、あるいはその出来事が強烈でないほど、生理的には同じ時間でも、「心理的」には時間の流れを「速く」感じる。すなわち、時間が速く過ぎたと「短く」感じる。

3　年齢時計

以上は、人間にとっての「生理的時間」（生理時計）と「心理的時間」（心理時計）についてみてきたが、さらに人間の「年齢的時間」（年齢時計）についてもみておく。普通、「人間は歳をとるほど、時間の経つのを速く感じる」といわれているが、その理由としては、

①第一は、その人が自分の人生で経験してきた「時間の長短」（年齢差）による。たとえば五歳の子供の人生にとっての一年は、自分の人生の1／5という「長い時間」であるから「長く」感じるが、八〇歳の老人にとっての一年は、自分の人生の1／80という「短い時間」であるから「短く」感じるということである。その意味は、歳をとるほど「一年間と自分の人生の長さとの相対比」が小さくなり、「同じ時間を非常に短く感じる」ということである。

②第二は、「時計時間への縛られ方」の違いによる。

ちなみに、子供は「時間のことなど気にしない」から、時間の経過を気にしたり、時間のことを大切に思ったりしないので、子供にとっては「時間はいつまでもある」ように思われ、「長く感じられる」ということである。これに対し、大人は「時間のことを気にする」ので、「時間の

経つのが気になったり」「時間に追われる」と思ったりするから、「時間が経つのが速い」とか、「時間が足りない」とか、「時間が短い」とか、総じて「時間の経つのを速く感じる」ということである。

③第三は、「見通しの持てる時間幅の違い」による。

すなわち、ある研究によると、大学生にとって「身近に見通せる時間幅」は約一〇年というが、それが中年になると約三〇年、老年になるとさらに長くなるという。ということは、歳をとればとるほど、「身近に見通せる時間幅」が長くなり、それだけ「身近に感じる時間の一単位」も長くなるから、「時間の経過を速く」感じることになる。

④第四は、「時間展望の逆転」による。

すなわち、歳をとればとるほど「これまで何年生きてきたか」というよりも、「あと何年生きられるか」というように、「人生の残り時間」を考えるようになるから、そこに若い頃との「時間展望の逆転」が起こることになる。ということは、老人になって余生のことを強く意識する人ほど、「人生＝時間」ということを強く意識するようになり、それだけ「時間が速く過ぎ去る」ように感じるということである。

4　人間の寿命と宇宙時計

⑴心拍数や呼吸数から見た寿命時間

心拍（心臓の鼓動）の周期（心周期）を哺乳類で比べると、人間の場合は一分間に約六〇回、それゆえその「心周期」は約一秒となる。これに対し、体の小さいハツカネズミは一分間に六〇〇回、それゆえその「心周期」は約〇・一秒となる。同様に、猫は約〇・三秒、馬は約二秒、象は約三秒といわれている。ということは、体（体重）が大きいほど「心周期」も大きくなるということである。

そこで、「体重と心周期の関係」を調べたところ、

「心周期は体重の１／４乗に比例する」

ことが明らかにされたという。つまり、

「体重が一六倍になると心周期は二倍になる」

ということである。そればかりか、

「寿命も体重の１／４乗に比例する」

ことも明らかにされた。

このようにして、「心周期」も「寿命」も、それぞれ体重の1／4乗に比例するので、

「寿命を心周期で割ると、体重によらない定数が求められるが、それはすべての哺乳類について〈一五億回〉である」

という。ということは、

「すべての哺乳類は、心臓が一五億回鼓動すると寿命が尽きる」

ことになる。同様に、

「寿命を呼吸の周期で割ると、体重によらない定数が求められるが、それはすべての哺乳類について〈三億回〉である」

という。ということは、

「すべての哺乳類は、肺臓が三億回呼吸すると寿命が尽きる」

ことになる。とすれば、

「〈心拍数〉や〈呼吸数〉を〈宇宙時計〉と考えると、どの生物もみな〈同じ心拍数〉や〈同じ呼吸数〉だけ生きて、〈宇宙寿命〉が尽きて死ぬ」

ということになる。

ゆえに、以上を総じていえることは、

「〈心拍数〉や〈呼吸数〉を〈宇宙時計〉としての〈生物時計〉と考えると、すべての哺乳類は〈同じ心拍数の生物時間〉や〈同じ呼吸数の生物時間〉だけを生きて、〈宇宙寿命〉〈宇宙の寿命

時間〉が尽きて死ぬ」

ことになる。いいかえれば、

「ネズミにはネズミの、象には象の、人間には人間の、それぞれの〈サイズ〉に合った〈同じ長さの宇宙寿命〉が与えられている」

ということである。その意味は、

「どの哺乳類にも〈平等〉に与えられた〈宇宙寿命〉を、それぞれのサイズに従って、ネズミは速く使い、象はゆっくり使って死を迎える」

というだけのことである(参考文献32)。とすれば、

「〈宇宙寿命〉としての〈生命の長さ〉は、〈万物〉にとっても、またそれぞれの〈個体〉にとっても、間違いなく〈平等〉である」

ということになる。まさに、

「宇宙の不思議、宇宙の摂理、宇宙の意思、神の意思というほかない」

といえよう。

「なんと神秘的で、なんと厳粛で、なんと感動的なこと」

であろうか。

(2) 遺伝子から見た寿命時間

生物が個体を維持するためには、生物を構成する「各細胞」がそれぞれの寿命に従って「死んで新しい細胞と入れ替わら」なければならない。なぜなら「細胞の老化は個体の老化」につながり「死につながる」からである。遺伝学では、そのような「細胞の交代死」のことを「アポトーシス」（能動的細胞死）と呼んでいる。

このように、各細胞は「個体の維持」のために、分裂を繰り返しながら死んで、次々と「新しい細胞と交代」しなければならない。

ところが、それにも限界があって、「種の維持」のためには「個体自身」も、またいつかは「寿命」が尽きて死んで、他の個体と入れ替わらなければならない。そして、そのような「個体の交代死」のことは「アポビオーシス」と呼ばれている。それを比喩すれば「アポトーシス」についでは、

「各生物は細胞の寿命についての一定の〈分裂回数券〉を持っていて、分裂の度ごとに〈アポトーシス〉を起こし、それを一枚ずつ使い、その〈分裂回数券〉を使い果たすと〈寿命〉が尽きて、〈死〉ななければならない」

ということである。

そのさい、その「分裂回数券」に当たるのが、各細胞のDNAの末端部分にある「テロメア」という部分であるといわれている。そして、この「テロメア」は細胞分裂の度ごとに短くなっていき、それが「元の半分」ほどの長さになると、細胞は「分裂を停止」し（アポトーシスを止め）、

個体は「寿命」が尽きて「死」ななければならないことになる。

ところが、このように「アポトーシス」を起こして死んでいく細胞は、血液細胞や肝細胞のように、短期間で新しい細胞と交代する「再生系細胞」であるという。これに対し、神経細胞や心筋細胞のように何十年も生きる「非再生系細胞」には、「アポトーシスによる細胞死」ではなく、「寿命による個体死」があり、それは「アポビオーシスによる死」と呼ばれている。ゆえに、これらのことを比喩すれば、

「アポトーシスが〈寿命の回数券〉であるのに対し、アポビオーシスは〈寿命の定期券〉である」

ということになろう。とすれば、

「すべての生物は、宇宙（神）から同じ長さの〈寿命の回数券〉と同じ長さの〈寿命の定期券〉を平等に与えられていて、それらを使い切れば〈寿命〉が尽きて〈死〉ななければならない」

ということになる。いいかえれば、

「アポトーシスやアポビオーシスは、万類の個々の細胞のDNAにあらかじめ〈平等にプログラム〉された〈宇宙からの共通の死の宣告状〉であり、その〈死の宣告状の期限〉がくれば、万類は〈寿命が尽きて死〉ななければならない」

ということである（参考文献33）。これもまた、

「自然の不思議、自然の摂理、宇宙の意思、神の意思というほかない」

といえよう。

「なんと神秘的で、なんと厳粛で、なんと感動的なこと」

であろうか。

三　心の時間をいかに生きるか

アウグスティヌスは神学者であり哲学者でもあったが、彼は、

『過去はすでになく、未来はまだない。宇宙の時間は人間の心の中だけにある』

といったし、マルティン・ハイデガーもまた、

『人間は根源的に宇宙の時間的存在である』

といった。とすれば、私がここで解明したいのは、

「相対性理論にいう〈物理的時間〉と〈同じ時間〉を、その物理的時間から完全に〈欠落〉している〈人間の心の中〉にだけある〈宇宙の時間〉としても究明したい」

ということである。


すでに、「相補性原理」のところでも明らかにしたように、私たち人間もまた「自然の相補性の一部」であり、コインの表裏と同様に、表の「生の部分」と、裏の「死の部分」の「自然の二重性」からなっている。しかし問題は、先にも明らかにしたように、

「宇宙から人間に与えられた〈生の部分〉の〈寿命時間〉は、物理的には、すべての人間にとっ

て〈平等〉に与えられているのに、その同じ寿命時間内を生きる人間の〈生き甲斐時間〉としての〈心の時間〉は、その人の〈心の持ち方〉の如何《いかん》によって大きく違っている」

ということである。それを比喩すれば、

「宇宙より与えられた人間の〈生の部分〉の〈寿命切符の長さ〉は、物理的にはすべての人間にとって平等であるのに、その〈使い方〉（早く無意義に使い切るか、ゆっくり有意義に使うか）は、人間の〈心の持ち方〉によって大きく異なる」

ということである。その意味は、アウグスティヌスのいうように、

「宇宙の時間は人間の心の中だけにあるから、人間の〈心の持ち方〉を大きくすれば宇宙の時間もそれだけ大きく（長く）なるし、人間の〈心の持ち方〉を小さくすれば宇宙の時間もそれだけ小さく（短く）なる」

ということである。私は、そこにこそ、

「他の生物には決してみられない、人間にとってのみ固有の〈宇宙の心の時間〉としての〈人間の心の時間〉の〈不思議〉がある」

と考える。とすれば、私は、

「宇宙より万物に平等に与えられた物理的時間としての〈寿命時間〉を、人間にのみ与えられた〈宇宙よりの心の時間〉として、いかに〈宇宙の意思〉（神の心）にそって〈有意義〉に使うかが、人間にのみ課せられた〈真の時間の使い方の意味〉であり、それを全うすることこそが、人間に

のみ問われる〈真の時間の過ごし方の意味〉である」

と考える。しかも、ここで重要なのは、このように、

「宇宙からの物理的時間としての〈寿命時間〉が万類に〈平等〉に与えられているなかで、その〈寿命時間〉を〈宇宙よりの心の時間〉として認識できるのは唯一〈人類〉のみである」

ということである。なぜならアウグスティヌスやハイデガーがいうように、

『〈人間は宇宙の時間的存在〉であり、その〈宇宙の時間は人間の心の中にだけある〉』

からである。とすれば、このような、

「〈人間の心の中〉だけにある〈宇宙の時間〉を、〈人間の心の時間〉として、どのように有意義に過ごすかを問うこともまた、〈心の世界の解明〉を目指す〈量子論にとっての重要な明日への課題〉である」

といえよう。その意味は、

「〈量子論的唯我論〉の観点からは、唯一〈宇宙と心を通わす〉ことができる〈心の世界に生きる人間〉として、宇宙より〈人間にのみ〉与えられた〈宇宙の時間〉としての〈心の時間〉をいかに〈有意義〉に生き抜くかを問うこともまた〈量子論にとっての重要な課題〉である」

ということである。さらにいえば、

「宇宙から唯一〈心と智慧〉を与えられた人間として、宇宙から〈人間にのみ〉与えられた〈宇宙の時間〉としての〈心の時間〉を、〈宇宙の心〉〈神の心〉として、いかに〈智慧〉を生かして

〈有意義〉に生き抜くかを問うこともまた〈人類にとっての重要な責務〉である」

ということである。このようにして、私は、

「量子論こそは、これまで本書が追求してきた〈心の不思議〉を、〈宇宙〉〈神〉に代わって、人類に〈科学的〉に解き明かしてくれる〈従来の学問の域を超え〉た、現在における〈唯一の深遠な学問〉である」

と考える。私が、

「本書の課題とする〈量子論による心の世界の解明〉をして、改めて〈量子論の明日への期待〉として問い直す所以《ゆえん》はここにある」

といえよう。

四　幸福とは何か

人間の「幸福度」を定式化すれば、上のように表せよう。

$$幸福度 = \frac{所得}{欲望} = \frac{物}{心}$$

本式の意味は、人間の「幸福度」は、分子の「所得」を大きくして「物的に豊か」になればなるほど「大きく」なるが、困ったことに、その一方で人間はその「物的な豊かさ」以上に、分母の「欲望」（物欲）をも同時に「大きく」するから、結果的には「幸福度は下がる」ということである。なぜなら、「分子の所得の大きさ」には必ず「限界がある」が、「分母の欲望の大きさ」（物欲）には決して「限界はない」からである。

ゆえに、私たちが真に「幸福度」を高めるためには、私たちは二五〇〇年も前の『老子』にいう、
「知足安分の思想」（足るを知りて分に安んじるの思想）
や、同じく「禅」にいう、
「吾唯足知の思想」（吾ただ足るを知るの思想）

に立ち返り、人間の「飽くなき欲望」を「抑える」ことを知る必要があるということである。

つまり、

「人間が幸福度をつねに高く保つためには、分子の〈所得を高める〉と同時に、分母の〈欲望を抑える〉ことによって、分子の〈物の豊かさ〉と分母の〈心の豊かさ〉の〈調和〉をつねに〈高く保た〉なければならない」

ということである。このようにして、結局、

「人間がつねに〈高い幸福度〉を享受するためには、人間はつねに〈物心ともに豊か〉でなければならない」

ということになる（参考文献34）。そして、それこそが周知の、

「衣食足りて、礼節を知る」

との諺《ことわざ》の「真の意味」であるといえよう。しかも、ここで私が特記しておきたい重要な点は、そのような、

「礼節を知る、〈心の時代〉がついにやってきた」

ということである。

以下、そのことを、私の「文明興亡の宇宙法則説」によって立証しておこう（参考文献35）。

周知のように、「西洋の近代化」すなわち「西洋物質文明」は、「宗教と科学の激しい対立」から幕を開けた。フランシス・ベーコンは、

『科学は怠惰な精神性（宗教：著者注）を放棄せよ』

といい、以後、西洋では宗教（心の世界）と科学（物の世界）が切り離されて、互いに「不可侵の原則」の下に発展してきた。その結果が、周知のように、

「神なき〈物心二元論〉の〈西洋物質文明〉の暴走による、〈地球環境の破壊〉と〈人心の荒廃〉であった」

といえよう。そのため、

「以後の世界は神から遠く離れた存在となり、〈神なき科学〉が地球を席巻し、自然破壊による〈地球の病〉と、精神破壊による〈人心の病〉を引き起こし、ついには〈物心二元論〉の〈西洋物質文明〉の危機が叫ばれるまでになってきた」

ということである。そして、私の「文明興亡の宇宙法則説」によれば、このような、

「〈地球環境の破壊〉と〈人心の荒廃〉を克服するために、〈宇宙の意思〉としての〈宇宙の基本的エネルギーリズム〉の八〇〇年周期によって、地球と人間に共に優しい〈物心一元論〉の〈新東洋精神文明〉の〈心の時代〉が巡ってきた」

ということである。

より詳しくは、宇宙はすべて「リズム」（周期）によって動いている。地球の公転や自転に見る「天体リズム」や、その影響を受けた「生体リズム」などがそれである。その証拠に、生物でもリズムを刻まないものは何ひとつない。なぜなら、

「リズムが止まれば、それは即、死（消滅）を意味する」

からである。もちろん、

「生物である〈人間の生体リズム〉もそうであるし、その上に花咲いた〈人間の文明リズム〉もそうである」

といえよう。しかも、重要なことは、

「人類がいかに自由意思を行使しても、〈宇宙リズム〉としての〈地球の公転リズム〉や〈自転リズム〉を〈人為〉によっては決して変えることができないように、〈文明リズム〉もまた〈人為〉によっては決して変えることはできない」

ということである。その証拠に、

「〈人類文明〉は、有史以来、〈東西文明の二極〉に分かれ、それらが互いに〈宇宙の基本的エネルギーリズム〉の〈八〇〇年リズム〉に支配されて、これまでに七回も、まるで時計仕掛けのように正確に互いが〈八〇〇年のリズムで周期交代〉を繰り返し、今回が〈八回目の交代期〉にあたり、〈二一世紀以降の八〇〇年間〉は再び〈文明ルネッサンス〉による〈新東洋精神文明〉としての〈心の文明時代〉が必ず巡ってくる」

ということである。しかも、それによって、はじめて、

「人類文明に〈健全なバランス〉が維持され、人類文明は〈再生〉し〈進化〉し〈永存〉することができる」

のである。それこそが、私のいう、

「文明興亡の宇宙法則説」

である。その意味は、

「これからの人類文明は、〈文明ルネッサンス〉によって、これまでの〈物欲主義〉の西洋物質文明から、新たに〈心重視〉の〈礼節〉を知り、〈徳と品格〉を備えた、〈幸福度〉の高い、〈新東洋精神文明〉としての〈心の文明〉へと必ずや〈再生〉し〈進化〉する」

ということである。とすれば、私は、

「その〈先頭に立つべき文明〉こそが、〈日出ずる国〉としての〈日本精神文明〉でなければならない」

と考える。しかも、いみじくも、そのことを見事に予言したのが、アインシュタインが大正一一年（一九二二年）に来日したさい、日本人と人類に寄せたとされる次の有名なメッセージではなかろうか。すなわち、

『世界の未来は進むだけ進み、その間、幾度かの争いが繰り返され、最後の闘いに疲れるときがやって来る。そのとき、人類は真の平和を求めて、世界的な盟主を上げねばならない。この世界の盟主となるものは武力や金力ではなく、あらゆる国の歴史を超越する、もっとも古く、かつもっとも尊い国柄でなくてはならぬ。世界の文化はアジアに始まりアジアに返る。それはアジアの高峰、日本に立ち戻らねばならない。我々は神に感謝する。天がわれわれに、日本という尊い国

を創ってくれたことを』

といえよう。

このようにして、私は、以上、本書を総じて、

「〈科学的見地〉からも、ついに〈心の時代〉がやってきた！」

と宣言したい。

五　人類の果てしなき夢を叶えてくれるもの

以上、私は、本書を通じて、人類の希求すべき「究極的課題」としての「心の世界の解明」について述べてきたが、最後に、

「そのような〈心の世界の解明〉にとって、さらに〈究極的に必要なもの〉は何か」

についても私見を述べ、本書を閉じることにする。

ＳＦ作家のジュール・ヴェルヌは、

『誰かによって想像できることは、別の誰かによって、いつかは必ず実現できる』

といったが、そのことを、本書の課題とする「量子論による心の世界の解明」にまで敷衍していえば、

「人類の〈誰か〉によって想像できる、人類にとっての〈究極の夢〉の〈心の世界の解明〉もまた、人類の〈誰か〉によって〈いつか〉は必ず〈実現〉できる」

ということになろう。なぜなら、前述のように、ハイデガーによれば、

『人類は根源的に宇宙の時間的存在である』

からであるし、またアウグスティヌスによれば、

『その宇宙の時間は、人類の心の中だけにある』

からである。とすれば、私が本書を通じて希求してきた、

「〈人類究極の夢〉である〈心の世界の解明〉もまた、〈宇宙の時間的存在〉であり、しかもその
〈宇宙の時間〉を唯一〈心の中〉に持つ人類の〈誰か〉によって、〈いつかは必ず実現〉できる」

ということになろう。そうであれば、結局、

「人類の〈果てしなき夢〉の〈心の世界の解明〉を叶えてくれるものもまた、〈時間〉をおいて外にない」

といえよう。

私は、そのことを固く信じつつ、本書の「長い心の旅路の筆」をおく。

補論

タイムトラベルは可能か

私たちの人生は川の流れに浮かぶ木の葉のように、過去から現在へ、現在から未来へと淡々と流れ流されていくのみである。その中にあって、もしも、

「私たちが、現在から過去へ、現在から未来へといつでも自由に〈時間の中を双方向に行き来〉できるとすれば、どれほど素晴らしく、どれほど感動的なこと」

であろうか。ちなみに、もしも、

「私たちが何らかの方法（タイムマシンか映像など）で、過去や未来への〈タイムトラベル〉〈時間旅行〉が自由にでき、そこで過去や未来の人たちと出会い〈心を通わす〉ことができるとすれば、それこそが私が本書で希求する〈心の世界への旅〉であり、なんと感動的で夢多きこと」

であろうか。もちろん読者も、それをどれほど「心待ち」にしておられることであろうか。そして、その「夢のようなタイムトラベル」を「実現可能」にしようとするのが、以下に述べる「タイムトラベルの方法」である。しかも、

「そのような〈タイムトラベルの実現化〉が、最近になって、〈素粒子のニュートリノが光速を超えた〉と報じられたことや、〈量子コンピュータの実現〉に目途《めど》がついたことなどによって一躍〈脚光を浴びる〉ようになってきた」

のである。とすれば、そのことこそは、前記の、

「〈時間〉こそが、人類の果てしなき〈夢〉を叶えてくれる」

という「夢の実現」への何よりのよい「証左」ではなかろうか。

　とはいえ、この「タイムトラベルの問題」は、「心の世界への旅」とは関係はあっても、本書の課題とする「心の世界の解明」そのものではないので、ここでは、それを「補論」として別途に取り扱うことにする。

一　光速とタイムトラベルの関係
――相対性理論の観点から

人類の「夢のタイムトラベル」を叶えるには、まず「相対性理論」の観点からの考察が必要である。その意味は「光速と時間と空間の関係」についての「正しい知識」が必要であるということである。

1　光速は「宇宙の最高速度」

はじめに「光速」について述べると、よく知られているように、光は秒速約三〇万キロメートル（三億メートル）で広がっていく。その「光速」は物理学では、ラテン語の「速さ」を意味する「celeritas」の頭文字を使って「c」で表されている。すなわち、光が進んだ「距離」（Distance）を、それに要した「時間」（Time）で割った値が、「光の速度」（Velocity）の$V=D/T$であり、それを物理学ではラテン語の「c」で表すことになっている。しかも、その「光速」

（c）は「宇宙の最高速度」とされており、その「光速」が、以下に述べる「タイムトラベル」にとって大きく関わってくる。

素粒子の陽子の加速実験によると、陽子に与えられたエネルギーは、最初は効率よく陽子の速度を上げるのに使われるが、陽子の速度が光速に近づくにつれ、エネルギーは陽子の質量を増やす方向へ使われるようになるから、陽子は次第に重くなり、陽子の速さが光速を超えることは絶対にない。それが、いわゆるアインシュタインの$E=mc^2$の関係である。このことから、「宇宙（マクロの世界）には、光速を超えるものは何もない。それゆえ、〈光速〉こそは〈宇宙の最高速度〉である」

ことが明らかにされた。

2　光速が時間と空間を一つにつなぐ

地球を基準にして時間や距離を決めると、止まっている人と移動している人では、それぞれ時間や空間（距離）の量が違うので基準にならない（特殊相対性理論）。そのため、時間や空間に影響されない「宇宙の絶対基準」である「光速度不変の原理」を基に、「時間や空間の基準」（一秒や一メートルなど）がつくられた。いいかえれば、「光速度不変の原理」を基に「時間と空間の理論」を構築したのが、アインシュタインの「特殊相対性理論」である。その意味は、

「〈時間〉と〈空間〉は、特殊相対性理論の基礎である宇宙の絶対基準の〈光速〉によって一つにつながっている」

ということである。

3 光速も空間も時間も、重力によって変わる

このように、「光速」を基準とした「時間と空間」に関する理論がアインシュタインの「特殊相対性理論」であれば、「重力」を基準とした「宇宙モデルに関する理論」が、同じくアインシュタインの「一般相対性理論」である。そして、その「一般相対性理論」によれば、

「光が大きな質量（大きな重力）を持った物体（惑星や恒星など）の近くを通ると、その進路が曲がる」

という。なぜなら、一般相対性理論によれば、大きな「質量」を持つ物体の周囲では「空間」が「曲がって」おり、しかもその「空間の曲がり」こそが「重力の正体」であるからである。それればかりか、同じ理由で、

「巨大な質量を持つブラックホールの周囲では、その重力によって、空間だけではなく時間も変わる」

という。事実、

「ブラックホールの周囲では、時間の進み方が無限に遅くなり、時間が止まっている」ように見えるという。

4　光速の壁は破られたのか

以上では、「光速こそが宇宙の最高速度」であることを明らかにした。ところが、二〇一一年九月二三日に、ヨーロッパ合同原子核研究機関のＣＥＲＮ（セルン）などの国際研究チームが、「素粒子加速装置」を使って、

「素粒子のニュートリノが光速を超えた」

とする「衝撃的」な実験結果を発表した。もちろん、この素粒子加速装置を使った実験では、素粒子が「亜光速」で飛ぶことはすでに常識とされている。ところが、その「亜光速」でしか飛べないはずの素粒子の一種のニュートリノが、「光速」を超えて「超光速」で飛んだというのが「衝撃的」なのである。なぜなら、

「もしも素粒子のニュートリノの運動速度が、光速を超えたとすれば、それは現代物理学の土台となっている、光速こそが宇宙（マクロの自然界）の最高速度であるとする、アインシュタインの特殊相対性理論を根底から覆《くつがえ》すことになる」

からである。以下、この点について詳しく説明すると、素粒子の「ニュートリノ」は、地球す

らも「擦り抜け」るという「トンネル効果」を持った幽霊のような素粒子であるが、そのニュートリノが、図6-1に見るように、スイスのジュネーブからイタリアのグランサッソまでの七三〇キロメートルの距離を、光速よりも「一億分の六秒」も速く到達したという、「科学常識」（特殊相対性理論）ではとうてい考えられないような報告がなされたことが「大問題」になっているのである。

この「オペラ実験施設」では、素粒子加速装置を使って、陽子を加速して衝突用検出器（グラファイト）に衝突させる実験をしているが、そのときその衝突の反応によって「パイ中間子」という「陽子とは別の素粒子」が生まれるという。その「パイ中間子」はそのまま飛び続けてやがて崩壊するが、そのとき素粒子の「ニュートリノ」が生まれるという。なお、ここに「パイ中間子」とは、核子を相互につなぎ原子核を安定化させる引力を媒介するボソンの一種のことで、湯川秀樹氏がその存在を「中間子論」で予言したもので、「パイ粒子」ともいう。そして、いま問題になっているのは、先の「オペラ実験」によって、

「素粒子のニュートリノが、光よりも一億分の六秒早く進むことが確認された」

ということである。より具体的には、この「オペラ実験」では、ジュネーブ近郊の「セルン実験施設」から発射されたニュートリノを、七三〇キロメートル離れたイタリアの「グランサッソ研究所」で捉える実験を三年以上にわたり「一万五〇〇〇回」も実施し、その結果、

「ニュートリノが光よりも六〇ナノ（一億分の六秒）速く進む」

図6-1　ニュートリノ走行実験の場所

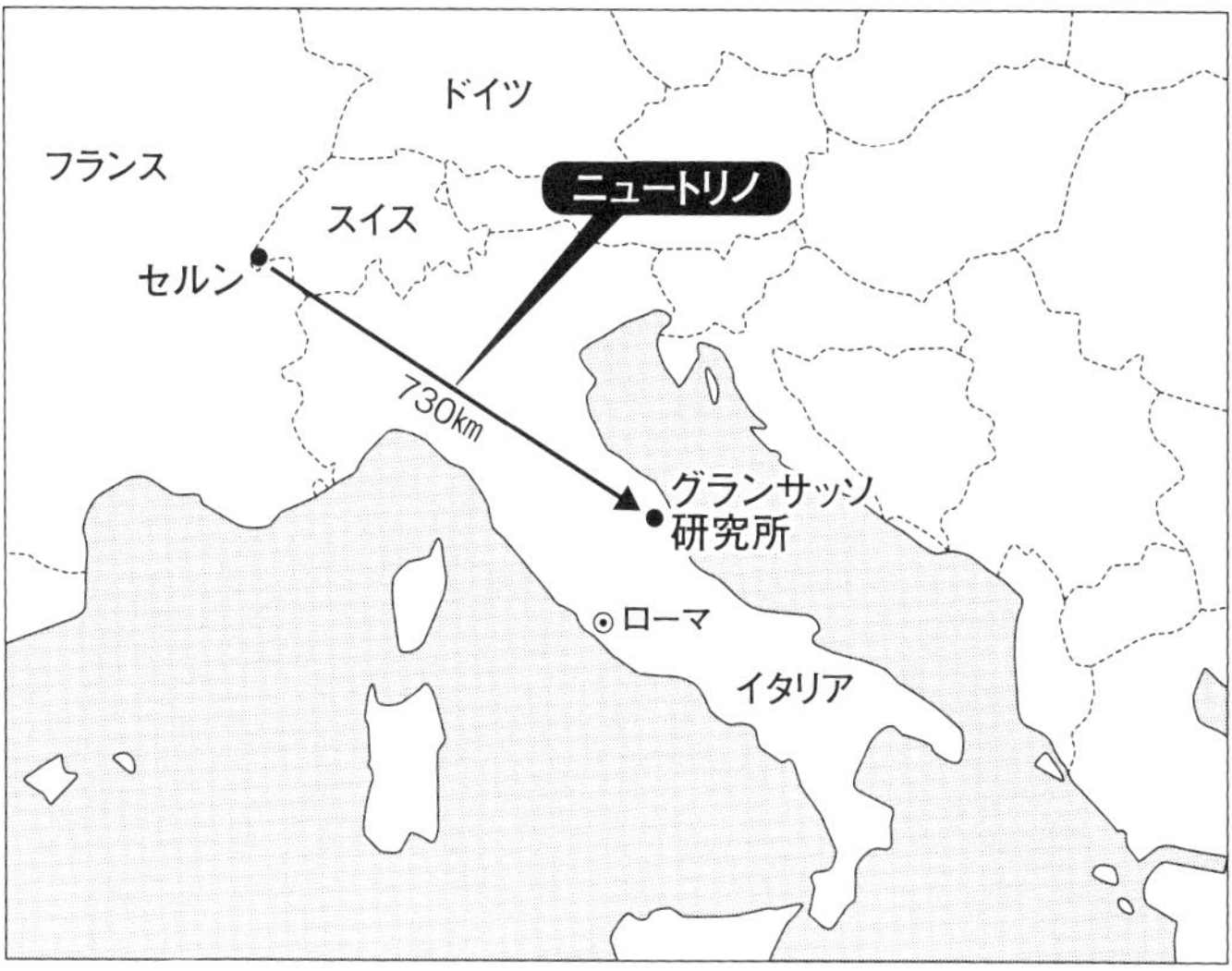

ことを確認したというのである。すなわち、

この実験では、

①ジュネーブのセルンのオペラ実験施設とイタリアのグランサッソ研究所の両地点の距離を、「GPS時計」（Global positioning System 時計）を搭載した衛星を使って厳密に測定して「距離」を出し、

②一方で、その距離をニュートリノがセルンの実験施設を飛び出してからグランサッソ研究所の検出器に着くまでの「時間」を「原子時計」を使って厳密に計り、

③前者（距離）を後者（時間）で割って、「ニュートリノの速さ」とした、

ということである。その結果、

「ニュートリノの速さは、光の速さ（三〇万km

／秒）よりも六〇ナノ（一億分の六秒）速いこと、それゆえ〇・〇〇二五％速いことがわかった」ということである。それを速度の式で表せば、ニュートリノの速さVは、

$V=D/T=1.000025\times c$

（Vは速度、Dは距離、Tは時間、cは光速で、c＝29万9792.458km／秒）

ということになる。あるいは、これを距離で表せば、

「ニュートリノは、七三〇キロメートルで光よりも一八メートル分速く飛んだ」

ということである。しかも、そのさいの実験誤差は最大でも「一億分の一秒」といわれているから、その誤差はニュートリノが光よりも速く着いたとされる「一億分の六秒」よりも小さいことになり、この実験結果は「有意」であるとされている。

より詳しくは、ジュネーブのオペラ実験施設で「数十億個」のニュートリノ粒子をつくり、それを七三〇キロメートル離れたイタリアのグランサッソにある地下研究所のニュートリノ検出器のグラファイトに向けて「地中」を飛ばしたところ、およそ「一日に三〇個」（三年間で一万六一一一個）がグランサッソ地下研究所に着いたという。そして、その実験結果から、前述のように、「素粒子のニュートリノは、光よりも六〇ナノ（一億分の六秒）速く進む」

ことが立証されたという。ただし、そのさい、問題は、数十億個のニュートリノ粒子を飛ばし

て、そのうち一日に三〇個が着いたことをどう考えるか（少ないと考えるか、多いと考えるか）ということである。

この実験では、スイスのジュネーブからイタリアのグランサッソに向けて七三〇キロメートルのトンネルを掘り、その中をニュートリノを飛ばしたのではなく、普通の地面の中（地中）を七三〇キロメートル飛ばしたということである。

では、なぜ地上ではなく地下（地中）を飛ばしたのか。それは、地上では多くの粒子が飛び交っていて実験が難しいからである。では、なぜニュートリノであれば地中を飛ぶ（擦り抜ける）ことができるのか。理由は、第一にニュートリノは非常に軽く、しかも電荷がない（プラスでもマイナスでもない）中性の素粒子であるから、電気的にどの物質ともほとんど相互作用をしないこと、第二にニュートリノは物質（万物）を構成している原子よりも遥かに小さく、ニュートリノにとっては原子からなる物質（万物）の中はスカスカで、いわゆる「トンネル効果」を発揮できることなどによる。

このようなわけで、ニュートリノは「地中」でもほとんど何の抵抗もなく突き進むことができる。もちろん、グランサッソに着いたときも、そこの実験施設に設置してあるニュートリノ衝突用検出器もニュートリノにとってはスカスカであるから、ほとんどのニュートリノはその中を通り抜けてしまうという。

このようなわけで、ニュートリノを捉えることは非常に難しいのである。それゆえ、このような観点（条件）からすれば、ジュネーブのセルン実験施設で数十億個のニュートリノをつくり、それをイタリアのグランサッソ地下研究所に向けて飛ばし、そのうち一日に三〇個が検出されたということは、なにも少ないことにはならないということである。いいかえれば、実験結果には「なんら問題はない」ということである。それゆえ、このような観点から、イギリスのマンチェスター大学のジェフ・フォーショウ教授（素粒子物理学）は、

「もしも、このオペラ実験の観測結果の正しささえ確認されれば、ニュートリノは光よりも速く進むことになるから、過去への時間旅行（タイムトラベル）も理論上は可能になる」

と指摘した。それればかりか、彼はさらに、

「もしも、このオペラ実験の結果が正しければ、それは宇宙に関するこれまでの定説の〈光速は宇宙の最高速度〉であるとする、アインシュタインの特殊相対性理論を覆すことになり、〈異次元の存在の証明〉も可能になる」

と指摘した。とすれば、そのことは衝撃的である。なぜなら、それは、

「質量があるものでも、光よりも速く移動することができる」

ことになるからである。しかし、「特殊相対性理論」によれば、

「物体が質量を持つかぎり、物体を加速しようとして与えたエネルギーは質量（重さ）に変わってしまうから、光速を超えることは不可能である」

とされてきた。理由は、前述のように、速度が上がるにつれて、物体は次第に重くなり、しか

も重くなるほど加速しにくいので、さらにエネルギーを与えても速度はますます上がらなくなり、最終的には、物体は光の速度にかぎりなく近づくと、その重さは「無限大」になり、それ以上は絶対に加速できなくなるからである。このようにして、

「〈質量のある物質世界〉のこの世では、〈光速こそが最高速度〉である」

ことになる。このことを示す理論式が、周知の「エネルギーと質量の等価の関係式」の$E=mc^2$である。ここに、Eは物質が持つエネルギー、mは物質の質量、cは光速である。しかも、光速の二乗のc^2は九〇〇億という大きな値なので、わずかな質量（m）の物質の中に、莫大なエネルギー（E）が潜んでいるということである。

そこで問題は、前述のようにニュートリノはわずかではあるが「質量」を持っているということである。とすれば、この「オペラ実験」の結果は、

「質量を持つものは、光よりも速く移動することは絶対にできないとの、アインシュタインの特殊相対性理論を否定する」

ことになる。その意味は、もしも、

「ニュートリノが超光速であることが検証されれば、物理学者は特殊相対性理論そのものを修正せざるをえなくなる」

ということである。

なお、ここでこの点に関連して参考までに「相対性理論」と「量子論」の関係について私見を付記しておけば、「相対性理論」は「宇宙」というような大きな「マクロの世界」の研究に使われる「マクロの理論」であるのに対し、「量子論」は「素粒子」というような小さな「ミクロの世界」の研究に使われる「ミクロの理論」であるということである。そのため、「ニュートリノ」のような「素粒子」の「ミクロの世界」の問題に対しては、「相対性理論」ではなく、「量子論」が使われることになる。

ところが、いま問題となっているのは、「ニュートリノ」という「ミクロの世界の素粒子の速度」（量子論の対象領域）の、「マクロの世界の地球上での速度」（相対性理論の対象領域）に関してであるから、このような問題については、「量子論」と「相対性理論」の両面からの検討が必要になるのである。ゆえに、このような問題に関しては、後の「重さと速度の関係から見た素粒子の分類」（相対性理論と量子論の関係からみた素粒子の分類）のところで、再度、私見を詳しく述べることにする。

以上が、「オペラ実験」で発表された「超光速ニュートリノ」の観測結果についての説明である。

ところが、その一方で、同じイタリアのグランサッソの地下研究所の「別の実験チーム」は「ニュートリノの超光速を否定する論文」をまとめたといわれている。すなわち、彼らは、このオペラ実験の結果について、

「ニュートリノのスピードを直接計測したわけではないが、ニュートリノが飛行のさいに放出したはずの光や電子は検出されなかったし、ニュートリノが光速を超えるほどのエネルギーを持っていたとも考えられない」

として、「ニュートリノの超光速を否定する報告」を出したという。その意味は、「ニュートリノが光速を超えたとすれば、そのさい放出されたはずの光や電子が検出されるはずであるのに検出されなかったし、ニュートリノのエネルギー分布も発射直後のニュートリノのエネルギー分布と同じで、途中でエネルギーを放出した形跡もなかったから、ニュートリノは光速を超えたとは考えられない」

ということである。

一方、この点に関して、アメリカの素粒子物理学者のグラショー（ノーベル賞受賞者）もまた、「オペラ実験」の結果が公表された後に、「もしも、超光速で飛行するニュートリノが存在すれば、そのニュートリノは光や電子などを放出してエネルギーを失う」

ことを理論的に示したといわれている。

このようにして、現時点では、「光より速いニュートリノの存在の有無については賛否両論がある」といえよう。いいかえれば、現状では、

「ニュートリノによって光速の壁は破られたか否かについては、〈賛否両論〉である」ということであり、この議論は「長期化」するものとみられている。

ではなぜ、このように「光とニュートリノの速さの違い」について「決着」がつかないのか。それは、

「光の速さとニュートリノの速さを〈同じ条件で計測〉できない、すなわち両者を〈同じ条件で競争〉させられない」

からである。理由は、

「光の速さは空中では計れるが地中では計れないし、逆に、ニュートリノの速さは地中では計れるが空中では計れない」

からである。

二　素粒子の重さと速度とタイムトラベルの関係

――量子論の観点から

以上では、「人類の夢のタイムトラベル」を叶えるために必要な「相対性理論」（特殊相対性理論）について考察したので、ついで、同じことを「量子論の観点」からも考察しておこう。

1　素粒子天文学（ニュートリノ天文学）

普通、「天文学」といえば、可視光線やX線や赤外線などの、いわゆる「光」によって宇宙の銀河や星や惑星などを観測することをいうが、超新星爆発があると、「光」のほかに「素粒子」の「ニュートリノ」が飛んでくるので、その「ニュートリノ」を捉えることによって、これまでの「光」では観測できなかった「星の中身」を研究することができるようになってきたという。それが「ニュートリノ天文学」といわれる「素粒子天文学」である。

このように、宇宙を観測する場合には、普通の「光学望遠鏡」や「X線望遠鏡」（人工衛星で観測）のほかに、「ニュートリノ」でも「宇宙を観測」することができるようになってきた。最近、「ニュートリノ」が着目されるようになってきたのはそのためである。

そこで、「光速と素粒子の関係」の説明に先立って、そのような「素粒子」の「ニュートリノ」はどのようにしてできるのかについても、竹内薫『超光速ニュートリノとタイムマシン』を参考に説明しておこう（参考文献36）。

2 ニュートリノはどうしてできるのか

つぎの図6‐2は、物理学者のファインマンが考案した「素粒子の反応図」と呼ばれるものであるが、この図にあるnは「中性子」で、pは「陽子」である。そして、この中性子nと陽子pが一緒になって「原子核」をつくっている。たとえば、水素原子の場合には、その原子核には陽子pが一個だけしかない。というよりも、「陽子pが一個だけの原子」が「水素」であるということである。その意味は、「陽子pの数」が「元素の種類」を決めているということである。たとえば、セシウムは陽子pが五五個で中性子nが八二個あるから、セシウム元素のことをセシウム137（p＋n＝55＋82＝137）と表すことになっている。

ついで、同図の中性子nや陽子pの中にあるuとdは、それぞれ「アップクォーク」と「ダウンクォーク」と呼ばれるもので、中性子nはアップクォーク一つとダウンクォーク二つからでき

図6-2　ファインマンの素粒子の反応図
(ベータ崩壊の反応図)

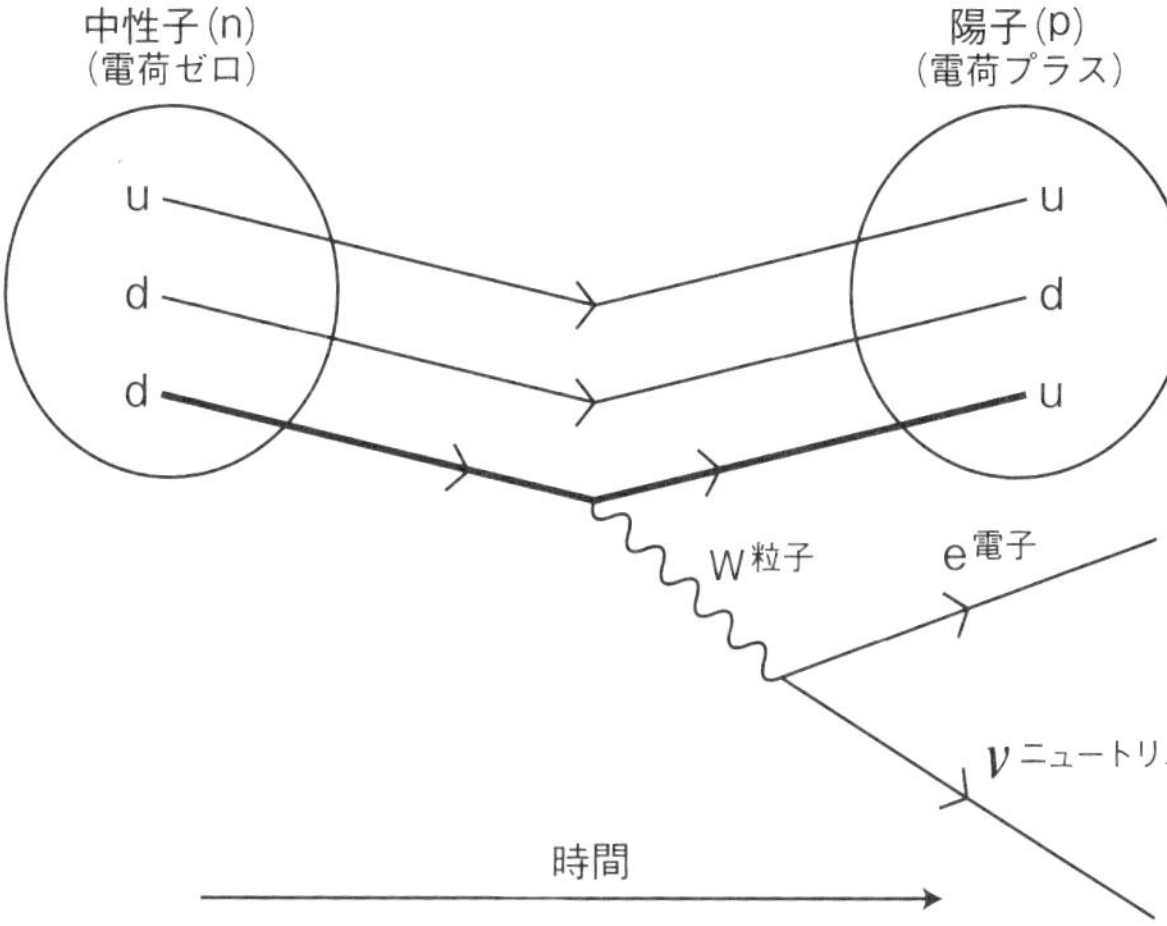

(高エネルギー加速器研究機構のＨＰを参考に作成)

ており、陽子ｐはアップクォーク二つとダウンクォーク一つからできている(後掲の図6―3も参照)。

周知のように、放射線には三種類あって、それぞれアルファ線、ベータ線、ガンマ線と呼ばれているが、そのうちのベータ線が「電子」のことである。中性子が壊れて陽子になるが、陽子はプラスの電荷を持っているのに、中性子はゼロの電荷であるから、差し引きマイナスの電荷がどこかから出てこないと帳尻が合わないことになる。その帳尻を合わすのが「ベータ崩壊」によって出てくる「電子」のｅである。

ところで、中性子ｎは一五分で「ベータ崩壊」を起こし、図に示されているように電子ｅを出すが、そのときν(ニュー)も出す。このνこそがタイムトラベルとの関係で問題となっている「ニュートリノ」のことである。また、

W粒子は「ウイークボソン」と呼ばれるもので、このベータ崩壊の媒介をする粒子のことである。

なお、素粒子の研究では、素粒子同士の反応を表すのに、この図のように素粒子の関係を「線」で表したファインマンの「素粒子の反応図」が使われているが、それは「発生している現象」を図によってわかりやすくするだけではなく、線が「交わる」たびに、決まった規則で、特殊な「行列」や「数字」を割り当てて計算することによって、実際に「ベータ崩壊が起こる確率」を割り出すのに必要だからだといわれている。

ただし、ここで注意しておきたいことは、中性子が壊れて陽子になったときに「電子」が出てくるが、そのときの「運動エネルギー」を計算すると足りない。この現象は、当初は「エネルギー保存の法則」が破れたのではないかと騒がれたが、その後、ドイツの物理学者のパウリが、そうではなくて人類がまだ検出できない「未知の素粒子」があるのに違いないとの仮説を提唱した。それが、人類が「ニュートリノの存在」に気づいた最初であるといわれている。一九三〇年のことであった。それから、「ニュートリノの研究」が進められるようになり、今日に至っている。

3 素粒子の種類と分類

私たちの体を含めた地球上のあらゆる物質はもちろんのこと、銀河や星などをも含めた宇宙のあらゆる物質は、そのすべてが「一〇八種類」ほどの「原子」（元素）の組み合わせによってできているといわれる。また、その「原子」の大きさはおおよそ「一〇億分の一メートル」、いわゆる「ナノメール」の大きさであることもわかってきた。

しかも、その「原子」は、さらにその中心にある「原子核」（複数の陽子と中性子の集まり）と、その原子核の周囲を回る「電子」との「固い結びつき」からできていることもわかってきた。そして、一九三五年に、湯川秀樹氏が、その「陽子」と「中性子」が固く結びついて「原子核」をつくっているのは、「未知の粒子」の作用によるものであると考え、その未知の粒子を「電子よりも重く、陽子や中性子よりも軽い、「中間の粒子」と考えて、それを「中間子」と呼んだ。それが、それ以降の新たな「素粒子」の発見へとつながっていったといわれている。そして、その「中間子」の発見がノーベル賞の業績となった。

いうまでもなく、「素粒子」とは、それ以上には分割できない「素となる粒子」のことであり、これまでに見つかっている素粒子は大きく分けて三種類あるとされている。

すなわち、①「物をつくる粒子」と、②「力を伝える粒子」と、③「質量を与える粒子」（ヒッグス粒子）がそれである。そして、ここで問題とするのは、以下に述べる「タイムトラベル」との関係で、「物をつくる粒子」、それゆえ「物質の構成単位としての素粒子」である。

図6-3　物質素粒子の種類と分類

	第1世代	第2世代	第3世代
レプトン	電子ニュートリノ	ミューオンニュートリノ	タウニュートリノ
	電子	ミューオン	タウ
クォーク	アップ	チャーム	トップ
	ダウン	ストレンジ	ボトム

（高エネルギー加速器研究機構のＨＰを参考に作成）

(1) 物質の構成単位として見た素粒子の分類

そのような「物質の構成単位」として見た「素粒子」の種類には、図6-3に示すように「二一種類」あるとされている。

まず大きくは、「軽い素粒子」と呼ばれる「レプトン」と、「重い素粒子」と呼ばれる「クォーク」の二種類に分けられる。そして、その中の「レプトン」には、さらに電荷を持たない「中性レプトン」と、電荷を持つ「荷電レプトン」とがある。この「荷電レプトン」はさらに三種類あって、マイナスの電荷を持つ「電子」と、電荷は同じマイナスであるが重さだけが重い「ミューオン」と「タウ」とがある。

しかも、これらの粒子には、さらにそれぞれ「電子ニュートリノ」と「ミューオンニュートリノ」と「タウニュートリノ」というパートナーがいる。ちなみに、「電子」が出てくると、そのパートナーとして「電子ニュートリノ」が出てくる。同様に、「ミューオン」が出てくると、そのパートナーとして「ミューオンニュートリノ」が出てくるし、「タウ」が出てくると、そのパートナーとして「タウニュートリノ」がそれぞれ出てくることになる。

一方、「クォーク」の場合も同様で、それぞれのパートナーとしての「アップ」と「ダウン」、「チャーム」と「ストレンジ」、「トップ」と「ボトム」のペアがある。なお、「クォーク」が、このように「六種類」あることを発見したのが、二〇〇八年にノーベル物理学賞を受賞した益川敏英氏と小林誠氏であるといわれている。つまり、

「物質の最小単位としての素粒子には全部で一二種類があって、それらは、それぞれレプトンやクォークに分類されている」

ということである。

(2)重さと速度の関係から見た素粒子の分類

以上は、「物質の構成単位から見た素粒子の分類」それゆえ「量子論の観点から見た素粒子の分類」であるが、一方、「重さと速度の関係から見た素粒子の分類」、それゆえ「特殊相対性理論の観点から見た素粒子の分類」も考えられよう。私は、そのような観点から見た素粒子の分類としては、次のように考えている。すなわち、

重さによる分類
①重さがある素粒子
②重さがない素粒子
速度による分類
①亜光速の素粒子
②超光速の素粒子

の四種類に分けられるといえよう。

重さによる分類

①重さがある素粒子（亜光速で止まることのできる素粒子）

「重さがある素粒子」としては「電子」があげられる。マクロの世界では、電子のように「重さのある素粒子」は「特殊相対性理論」の$E=mc^2$によってエネルギーを与えると、どんどん光速に近づくが、決して「一〇〇%光速」にはならない「亜光速の素粒子」のことである。この種の素粒子には、「電子」のほかに「クォーク」などのほとんどの素粒子が含まれる。これらの素粒子は重さがあるから「光速」にはなれないが、一方で「止まる」ことはできる。

②重さがない素粒子（光速で止まることのできない素粒子）

「重さがない素粒子」とは、「特殊相対性理論」の$E=mc^2$によれば、つねに「光速で飛んでいる素粒子」ということであり、止まることが決してできず「走り続けなければならない素粒子」ということになる。「光」のような「重さゼロの素粒子」がそれである。

速度による分類

①亜光速の素粒子（光速以下で止まることができる素粒子）

「ニュートリノ」は、はじめは「重さゼロの素粒子」と考えられていたから、「光」と同様に「光速で走り続ける素粒子」と思われていた。ところが、その後の研究で「ニュートリノ」にもわずかながら「重さがある」ことが判明した（電子の重さの一〇〇万分の一以下）。とすれば、「ニュートリノは光速では走れないが、止まることはできる素粒子」ということになる。「クォーク」などほとんどの素粒子が、この「亜光速素粒子」である。

②超光速の素粒子（光速以下になることも止まることもできない素粒子）

「超光速の素粒子」として考えられているのが「タキオン」と呼ばれる素粒子である。「タキオン」はギリシア語の「速い」という言葉から名付けられた文字どおり「光より速い素粒子」のことであるが、特殊相対性理論によれば、マクロの世界では、

「物体は光よりも遅い速度でしか動けず、加速しても光の速度までで、それを超えることは決し

てできない」

　ことが証明されている。そこで、一部の科学者たちは、

「タキオンのような超光速の素粒子は、エネルギーを与えて加速しなくても、もともと光よりも速く動いている素粒子ではないか」

　と考えた。そうすると、そのような粒子の存在は「理論上」は許されることがわかったという。そして、その素粒子こそが「超光速素粒子」の「タキオン」であると考えられた。ところが、

「超光速素粒子のタキオンには速度の上限値がなく、はじめから無限大の速度であるが、一方では下限値があって、光速以下には減速することができない」

　との性質があるという。その意味は、

「タキオンはつねに光速よりも速いが、エネルギーを与えるとどんどん遅くなり、それでいて光速までは遅くならない」

　ということである。とすれば、

「タキオンは無限大の速度にまでなるが、光速以下にすることも、止まることもできない」

　ということになる。なぜなら、

「タキオンは虚数の質量を持っており、それを二乗すればマイナスの質量になる性質を持っているからである」

と説明されている。とすれば、そのことはまた「因果律の崩壊」をも意味することになる。

なお、この「因果律の崩壊」は以下の「タイムトラベル」との関係で極めて重要な意味を持つので次に改めて詳しく説明することにする。

三　因果律は崩壊しない？
――タイムトラベルの観点から

以上では、人類にとっての「夢のタイムトラベル」を叶えるのに不可欠な「光速と素粒子の関係」にかんする「正しい知識」（理論的な知識）について述べたが、それ以外に、もう一つ残っている不可欠な問題が「光速と因果律の関係」である。

特殊相対性理論では、「速度が速くなると時間が遅くなる」とされているが、それを比喩すれば、「速く動いているもの」を見ると「スローモーション」に見える、それゆえ「ゆっくり」見える、すなわち「遅れて」見えるのと同じである。このことは地上に置かれている「地球時計」と、人工衛星に搭載されている「GPS時計」の進み方の違いによっても立証されている。事実、GPS時計は衛星に乗って速く動いているから、その分だけ、地球時計よりも遅れることになる。そのため、「地球時計」と「GPS時計」の「時間差」は実際に「修正」されている。なぜなら、「時間と距離で位置」を決めるGPS時計は、それを修正しないと、「位置の誤差」が大きくなって「使いもの」にならないからである。

このように、特殊相対性理論によれば、互いの間の「速度差」が大きくなればなるほど、互いに相手の動きは「ゆっくり」に見えることになる。そのため「速度差がある時計はスローモーション」に見えることになる。ということは、

「速度が光速になって速度差が極めて大きくなれば、時計は止まって見える」

ことになる。それを比喩すれば、

「光速で飛び回っている光がもしも時計を持っているとしたら、その光時計は止まったように見える」

ということである。その意味は、

「宇宙には絶対基準としての唯一の時の流れはなく、相対的な無数の時の流れがある」

ということである。

では、次にもしも、「宇宙の最高速度」の「光速」を超えて「超光速」になったとしたら、そのとき時計はどうなるか。特殊相対性理論を敷衍していえば、そのとき、

「超光速時計の進み方はスローモーションになって止まるばかりか、それをも超えて逆向きに進む」

ことになる。しかも、

「時計が〈逆向き〉に進むということは、〈時間逆行〉を意味しており、〈過去へタイムスリップ〉する」

ということになる。その意味は、もしも、

「超光速で飛び回るタキオンがあるとすれば、そのタキオンで過去へタイムスリップすることは理論上は可能になる」

ということである。前述の、

「ニュートリノが光速を超えた」

という「オペラ実験」の報道が大きな関心を持たれているのも、理由はそこにある。ところが、現実にはニュートリノは重さを持っており、その重さは「上限が電子の一〇〇万分の一」と推定されている。ということは、ニュートリノの重さは「虚数」ではなく「実数」であるということになる。とすれば、「ニュートリノ」は虚数の「タキオン」ではないことになる。そこで、いま大きな問題となっているのは、前述のように、

「ニュートリノのような重さのある普通の素粒子が、本当に光速を超えたとしたら、それは特殊相対性理論では説明がつかないから、特殊相対性理論は誤りではないか」

ということである。

いずれにしても、もしもタキオンのような超光速の素粒子が現実にあるとすれば、それは「時間逆行」を意味しており、そのとき「過去と未来」は逆転し、それゆえ「原因と結果」も逆転して「因果律が崩壊」することになるから、普通の科学常識では絶対に考えられないことになる。

しかし、無理矢理に特殊相対性理論を拡大解釈すれば、仮説としては考えられないこともない

といわれている。とはいえ、重さのないタキオン（虚数のタキオン）とは違い、重さのあるニュートリノ（実数のニュートリノ）が超光速であるとしたら、それは「特殊相対性理論の枠内」ではとうてい考えられないことになる。ということは、

「重さのあるニュートリノが光速を超えたとしたら、それはこの世での超光速を否定する特殊相対性理論にも、それゆえ因果律にも反することになるから、現代物理学は根本から考え直さなければならない」

ことになる。

とすれば、ここで改めて「特殊相対性理論と因果律」の関係について考えてみる必要があるといえよう。この点について、デヴィッド・ボームは、

『因果律のパラドックス（時間の逆転）が起こるのは、アインシュタインの相対性理論を絶対的真実と思っているときだけである』

といっているが、今野健一氏も、同氏の著書の『死後の世界を突きとめた量子力学』で同じように主張している（参考文献37）。

すでに繰り返し述べたように、アインシュタインの「エネルギーと質量の等価の式」の$E=mc^2$によれば、

「物質にエネルギーを与えて加速した場合、物質の運動速度が光速に近づくほど、その質量が加

速度的に増大し、光速では物質の質量は〈無限大〉になるから、この世では、光速を超えることは絶対にできない」

ということである。そればかりか、

「もしも、光速を超えたとしたら、そのとき時間は逆転して虚時間（マイナス時間）になるから、時間順位が逆転し〈因果律が崩壊〉する」

ことになる。そこで今野氏が問題とするのは、「無限大」という表現である。すなわち、同氏によれば、

『無限大という表現は、数学概念からの表現であり、現実の世界（この世）で無限大の質量など絶対に存在しないから、超光速もまた絶対に存在しえない』

ということである。その証拠に、

「質量を持つ電子を素粒子加速器で光速の九九・九九九九％まで加速しても、電子の質量は無限大に近づくどころか、電子は個として認識できる」

という。その意味は、

「光の速さは有限であるから、その程度の速さでは質量は決して無限大にはならないので、超光速にもならず、時間の逆転（因果律の崩壊）もありえない。それゆえ、アインシュタインの $E=mc^2$ は現実世界には合致しない」

ということである。つまり、今野氏の主張は、

「光の速さは秒速三〇万キロメートルで一秒間に三〇万キロメートルしか進めないから、秒速三〇万キロメートルの光速を超えた程度で質量は決して無限大にならないので、因果律が崩壊する（時間が逆転する）ことなど絶対にありえない」

ということである。その意味は、

「物質の速度が〈無限大速度〉（瞬間到着）を超えて、はじめて〈因果律は崩壊〉するから、光速程度では決して〈因果律は崩壊〉しない」

ということである。さらにいえば、

「物質の運動速度が無限大速度の〈瞬間到着〉をも超えて、〈虚時間到着〉（マイナス時間到着）になってはじめて〈因果律は崩壊〉するから、〈光速を超えた程度〉では決して〈因果律は崩壊〉しない」

ということである。このようにして、今野氏は、

『光速を超えると因果律は崩壊するとする、特殊相対性理論の考えは誤りである』

と結論する。とすれば、このことは同時に、

「特殊相対性理論にいう因果律を前提（理論的根拠）として成り立っているタイムトラベル（とくに過去へのタイムトラベル）もまた、決してありえない（不可能である）」

ことになる。しかし、本書では「因果律」そのものが「研究主題」ではないので、この「問題の是非」については「不問」とし、以下では「特殊相対性理論」にいう「因果律」を前提に考え

られている「タイムトラベル」について、佐藤勝彦氏の『タイムマシンがみるみるわかる本［愛蔵版］』を参考に解説することにする（参考文献38）。

四　タイムトラベルは人類の夢

1　タイムマシンで未来や過去へ行けるのか

量子論を含めて、現代物理学はすでにSFと区別がつかないような領域にまで踏み込んでいるといわれている。では、現代物理学によっても、SFと同じように「タイムマシン」によって「未来や過去へのタイムトラベル」が可能なのであろうか。なお、ここに「タイムマシン」とは、過去や未来へ自由に行き来できる想像上の「航時機」のことである。

(1)未来へのタイムトラベルは理論上は可能

それには、前述の特殊相対性理論（速度相対性理論）にいう「双子のパラドックス」を利用すればよい。このパラドックスは、双子の兄弟のうち、兄のほうが「光速に近い宇宙ロケット」（亜光速ロケット）に乗って宇宙のどこか遠くへ旅行に行き、そのあと何年か経って地球に引き返してきたとすると、そのとき「高速旅行」に行っていた兄のほうは、地球に残っていた弟よりも「若くなっていた」というものである。逆にいえば、地球に残っていた弟のほうが、高速で宇宙旅行してきた兄よりも「歳をとっていた」ということである。なぜなら、特殊相対性理論（速度相対性理論）によれば、光速に近い速さで動いた兄の体内時計は、弟の体内時計よりも「ゆっくり」動いていたからである。その意味は、

「高速船に乗って宇宙へ旅行に行けば、時間の流れがゆっくり進み、その分だけ地球では時間が経っていて未来になっていた」

ということである。ちなみに、兄のほうが光速の八〇％のスピードで、二〇光年離れた星まで亜光速船で行って、地球に帰ってきたとすると、地球の時計では五〇年経っているのに、亜光速船内の時計では三〇年しか経っていないことになるという。ということは、地球にいた弟は五〇歳も歳をとっているのに、兄は三〇歳しか歳をとっていないことになるから、兄は事実上二〇年後の地球、それゆえ「二〇年後の未来の地球」へ「タイムスリップ」したことになる。したがって、この「パラドックス」は、よく日本の「浦島太郎の昔話」にもたとえられている（参考文献39）。その意味は、

「特殊相対性理論によれば、スピードを速めて加速度をかければ、加速度は重力と同じであるから、時計が遅れる（スローモーションになる）ので、その分だけ〈未来〉へ行けることになる」

ということである。逆にいえば、

「スピードを上げると、周りのほうの時間が速く進むから、気づいたときには自分のほうは相手から見れば〈未来〉になっていた」

ということである。

事実、このような「時計の遅れ」は、前述のように、スピードの速い人工衛星に搭載されているGPS時計にも見られるが、普通の飛行機の場合でも、その飛行機に時計を乗せて地球を一周して帰ってきただけでも、「飛行機の時計」は「地上の時計」よりも少しではあるが「遅れている」といわれている。とすれば、その飛行機に搭乗していた人もまた、その分だけ「未来にタイムスリップ」したことになる。

このように、「理論的」には、光速に近い「タイムマシン」の「亜光速宇宙船」に乗って、何年も宇宙旅行をして帰ってくると、地球上ではその分だけ「未来へタイムスリップした」ことになるから、その分だけ「未来へ行った」ことになる。このようにして、「理論上」は「未来へのタイムスリップは可能」であるといわれている。

しかし、「現実問題」として、人間はそのような光速に近い「タイムマシン」の「亜光速宇宙船」をはたして「技術的」に造ることができるのか、また人間はそのような長期間の「亜光速旅行」に「肉体的」にも「精神的」にも耐えることができるのか、などの難問があるといわれている。とはいえ、それさえ実現（克服）できれば、

「人間はタイムマシンによって〈未来へ行く〉ことは、〈理論的〉にも〈現実的〉にも〈不可能

ではない〉」

とされている。

⑵過去へのタイムトラベルは理論上は不可能

このように、「特殊相対性理論」（速度相対性理論）によれば、タイムマシンによって「未来へ行くことは理論上は可能」であることが明らかにされた。では、同じくタイムマシンによって「過去へ行くことも理論上は可能」であろうか。

この地上では、止まっている場合は、位置は変わらないが、時間だけは過ぎていく。しかし、スピードが速くなると、位置も時間も変わり、短時間で広範囲に行けるようになる。そして「特殊相対性理論」によれば、

「その〈行ける範囲の限界〉が、〈宇宙の最高速度の範囲内〉、すなわち〈宇宙の制限速度の光速（一秒間に三〇万キロメートル）の範囲内〉であり、それが〈人間が行ける世界の限界〉であって、人間はそこから先へは決して行けない」

ことになる。では、

「速度がその〈宇宙の制限速度の光速〉にまで達したとすればどうなるか。そのとき、人間は〈時間ゼロで移動〉することができる。すなわち〈瞬間移動〉することができる」

ようになる。それでは、

「さらにスピードが〈光速〉を超えて、それ以上速くなればどうなるか。そのとき、人間は〈マイナス時間で移動〉することができるようになる」

といわれている。それこそが、いわゆる、

「〈過去への移動〉すなわち〈過去へのタイムスリップ〉」

である。その意味は、

「光速を超えれば（超光速になれば）、〈時間順序が逆転〉し、〈時間は現在から過去〉へと進むから、〈過去へのタイムトラベル〉も〈理論上は可能〉になる」

ということである。それゆえ、

「〈超光速の素粒子のタキオン〉を利用すれば、タキオンは光速を超えるから、過去へのタイムトラベルは理論上は可能になる」

ということになる。ところが、

「その〈タキオン自体〉が現実には（この世では）考えにくい仮想上の素粒子であるから、そのような〈仮想の上に立つ過去へのタイムトラベル自体〉が、すでに〈仮想上のタイムトラベル〉にすぎないことになり、結局、〈過去へのタイムトラベル〉は、〈特殊相対性理論〉（速度相対性理論）を前提とするかぎり、〈理論上も不可能〉である」

ということになろう。

2　タイムトラベルの具体的な方法

以上、「理論的な観点」（速度相対性理論の観点）から、「未来や過去へのタイムトラベル」について検討してきたが、結局、

「タイムマシンによる〈未来へのタイムトラベル〉は〈理論上は可能〉であるとしても、〈過去へのタイムトラベル〉は〈理論上も不可能〉である」

ということである。なぜなら、前述のように、

「未来へのタイムトラベルはアインシュタインの特殊相対性理論の〈因果律に叶う〉が、過去へのタイムトラベルは、アインシュタインの特殊相対性理論の〈因果律に反する〉」

からである。そこで、かりに百歩譲って、

「光速を超えるロケットさえ開発できれば、そのロケットは光を追い越せるから、因果律に反して、過去へのタイムトラベルは可能になる」

といえるであろうか。ところが、それもまた「現実問題」としては不可能である。なぜなら、

「光速を超えるためのロケット自体が、マクロの世界では普通の物質（質量のある物質）でしか造れず、そのような質量（重さ）のある物質で造られたロケットでは決して超光速では進めない

から（特殊相対性理論）、過去へのタイムトラベルはすでに超光速ロケットの建造段階で〈技術的

にも実現不可能〉である」

からである。

このようにして、結局、「〈超光速〉を必要とするような（因果律に反するような）〈過去へのタイムトラベル〉には、〈特殊相対性理論以外の新理論〉によらざるをえない」ことになる。そして、それへの挑戦はすでに始まっている。具体的には、「特殊相対性理論の因果律を破らずに、〈一般相対性理論〉の立場から〈時空の歪《ゆが》み〉などを利用する、〈高次元物理学〉の考えからの〈過去へのタイムトラベル〉がそれである」といえよう。とはいえ残念ながら、「このような〈高次元物理学〉の考えに立つ〈過去へのタイムトラベル〉もまた、〈物理学のSF化〉ともいわれ、〈実現性〉には問題がある」とされている（後述）。

そこで、以下においては、まず特殊相対性理論上は「実現可能」とみなされている「未来へのタイムトラベルの具体的な方法」について、次いで特殊相対性理論上は「実現困難」とみなされているため「高次元物理学」による「過去へのタイムトラベルの具体的な方法」について、それぞれ竹内薫氏の『超光速ニュートリノとタイムマシン』、および佐藤勝彦氏監修の『タイムマシンがみるみるわかる本［愛蔵版］』を参考に解説しておこう（参考文献40）。

(1)未来へのタイムトラベル

①ブラックホールを利用する方法

未来への「具体的なタイムトラベル」の「第一の方法」としては、「宇宙重力」の「ブラックホール」を利用する方法が考えられている（参考文献41）。というのは、相対性理論によれば、「宇宙重力を受けた時計はゆっくりと進み、極限では時間は止まる」からである。では、「宇宙重力」を受けた時計はなぜ「ゆっくり進む」のか、いいかえれば「宇宙重力」が働くとなぜ「時間が遅れる」のか。その理由は、

「強い宇宙重力の影響を受けると、光の波長が長くなり、それだけ時間もゆっくり流れる」

からである。その意味は、

「光が強い宇宙重力に逆らって進もうとすれば、それだけエネルギーを失い、光の波長が長くなり、時間も長くなる（時間もゆっくり進む）」

ということである。つまり、

「宇宙重力が強くなれば、時間もゆっくり進むから、その分だけ未来へ行ける」

ということである。そればかりか、

「〈ブラックホール〉のように、宇宙重力が極めて強い天体の周りでは〈時間が止まって〉いる

から、その〈ブラックホール〉を利用すれば〈未来へ瞬間移動〉することさえできる」ということである。ただし、「現実」にはそれは「非常に難しい」といわれている。

なお、この点に関連して追記しておけば、前述のスイスのセルン実験所では、そのような「宇宙重力」が極めて強い「ブラックホール」をつくる実験もおこなわれているという。理由は、前述のように、ブラックホールは「宇宙重力」が極限まで強くなったものであり、そこでは「時間が止まる」から、そのことを実証するためであるといわれている。しかし、その一方で、もしもそのような「ブラックホール」が地球上で本当につくれたとすれば、それこそ地球そのものが、その「ブラックホール」に吸い込まれて消滅してしまうのではないかとも危惧《きぐ》されている。

②中性子星を利用する方法

ついで、未来へのタイムトラベルの「第二の方法」としては、先の「宇宙重力」の強い「ブラックホール」を利用する方法のほかに、同じく「宇宙重力」の強い「中性子星」を利用する方法が考えられている。というのは、かりに「太陽の宇宙重力」を利用して未来へタイムトラベルしようとしても「太陽の宇宙重力」の程度では「重力不足」で、それは不可能だからである。事実、太陽表面の重力は地球表面の重力の約二八倍程度にすぎないので、その程度の重力では不可能である。

これに対し、「中性子星の重力」になると、地球表面の重力の一〇〇〇億倍もあると推測されており、その大きさの重力なら「未来へのタイムトラベルも可能」であると考えられるからである。

なお、ここに「中性子星」とは、太陽よりもはるかに巨大な星が生涯の最後に大爆発を起こしてできる星の残骸ともいうべき天体であるが、その中心部は爆発の勢いで物凄い力で圧縮されて超高密度、超重力になっているとされている。ゆえに、このような中性子星の「超重力」による「時間の遅れ」を利用して「未来へのタイムトラベル」をしようとするのが、「中性子星を利用する未来へのタイムトラベル」の方法であるといえる。

(2)過去へのタイムトラベルの方法

以上が「未来へのタイムトラベルの具体的な方法」であるが、ついで「過去へのタイムトラベルの具体的な方法」についても見ておこう（参考文献42）。

前述のように、「未来へのタイムトラベル」は「技術面での実現性」（亜光速宇宙船の建造など）に目をつぶれば、「理論上は可能」であることがわかった。ところが、「過去へのタイムトラベル」は、前述のように、「技術面での実現性」はおろか、「理論面での可能性」すらも「非常に小さい」とされている。なぜなら、

「未来へのタイムトラベルは、過去から未来へという時間の一方通行の〈因果律の流れの道〉を進むさいの、〈スピード差〉を利用するタイムトラベルであるから、〈特殊相対性理論〉の〈速度

相対性理論〉によって〈理論的に可能〉であるが、時間の流れに逆行する現在から過去へのタイムトラベルは、〈因果律の流れの道〉に逆らうから、特殊相対性理論の〈速度相対性理論〉が利用できず、それとは〈別の理論〉（高次元物理学）が必要である」からである。

ところが、別の意見として、

「特殊相対性理論の方程式を解くと、ある場合には〈時間がループ〉しているような解が存在するから、その理論を適用すれば、過去へのタイムトラベルも不可能ではない」

ともいわれている。その意味は、

「もしも〈時間がループ〉しているとすれば、因果律に従って〈未来へ未来〉へと一方的に突き進んでいけば、いつの間にか〈過去へ戻って〉いることになるから、その場合も、因果律を前提とする特殊相対性理論の〈速度相対性理論〉が適用できる」

ということである。ちなみに、先の図4-1の私の「並行多重宇宙のイメージ図」もこのような「時間ループ」を前提としている（二六一頁を参照）。

とすれば、私は、この考えは「メビウスの帯（輪）の理論」にも通じると考える。ここに「メビウスの帯（輪）」とは、帯を辿っていくと、いつの間にか表と裏が一体となる輪のことであり、二次元平面の輪が「一八〇度ねじれ」て、いつの間にか、三次元空間で「つながる輪」のことである。

私たちの宇宙は、生まれてから一三七億年の時間が経過しているといわれているが、この間、時間は「因果律」にしたがって「過去から未来」へと「一方通行」で流れている。しかし、宇宙の歴史よりもさらにさらに長い何千億年というような「長いスパンの時間」を考えると、「時間がループ」している可能性がまったくないとはいい切れないともいわれている。もしそうであれば、その場合は、

「相対的に（理論的に）〈過去へのタイムトラベルは可能〉になる」

と考えられる。ちなみに、亜光速宇宙船で地球を出発し、宇宙を一億年も旅して地球に戻ってきたとすると、宇宙船の内部における一億年は、地球時間に換算すると何千億年という莫大な時間になると考えられるから、その場合は、

「地球の未来は、はるか彼方《かなた》にある地球の未来と、過去でつながっていて、その時点を経て過去の地球へ戻ることができる」

ということになる。ゆえに、このように考えれば、

「〈タイムトラベル〉は、〈特殊相対性理論〉によっても、〈未来行き〉はもちろんのこと、〈過去行き〉も〈理論上は可能〉になる」

のである。もちろん、「具体的には不可能」であろうが。

ところが問題は、このようにして、かりに「過去へのタイムトラベル」が「時間ループ」の観

点から「理論的にも具体的にも可能」であるとしても、そこには依然として「大きな問題」が「立ちはだかる」ことになる。それこそが再び「因果律」の問題である。いうまでもなく、

「因果律とは、時間は、過去↓現在↓未来への順に一方通行的に流れるという法則」

である。いいかえれば、

「原因は過去にあり、結果は未来にあるとの法則」

である。さらにいえば、

「過去は未来に影響を与えても、未来は過去には決して影響を与えないとの法則」

である。もちろん、このような「因果律」は、現在に生きる私たちにとっては「至極当然」のことで「何ら問題はない」と考えられるが、「別の問題」は、もしも私たちがタイムマシンによって、実際に、

「因果律を破って、過去へ戻ったとすればどうなるか」

ということである。そのとき、

「〈原因と結果〉の〈時間順位が逆転〉し、〈未来が過去を変える〉ばかりか、場合によっては〈未来が過去に悪影響（後述）を与える〉というような〈タイムパラドックス〉による〈タイムトラブル〉が起こり、私たちは〈大混乱〉に陥る」

ことになる。とすれば、結局、

「過去へのタイムトラベルの〈最大の難問〉は、過去へのタイムトラベル以前に、この〈タイム

パラドックス〉による〈過去への悪影響〉を現実的に〈いかに解決〉するか」

ということになろう。さらにいえば、

「この〈タイムパラドックス〉による〈悪影響〉が解決されないかぎり、かりに〈過去へのタイムトラベル〉が可能になったとしても、それを〈禁止〉すべきである」

ということになろう。なぜなら、

「〈過去へのタイムトラベル〉は、場合によっては、人間にとって過去を変えることが絶対に許されないような〈至難な倫理上の問題〉を引き起こす恐れがある」

からである。そのさい、よく用いられる比喩が、

「過去へ帰ってきた息子による、自分の親殺しの問題」

である。ところが、この問題に対しても、そのような心配は単なる「杞憂《きゆう》にすぎない」との意見もある。理由は、

「〈過去へのタイムトラベル〉は、もともと〈不可能〉だからである」

というものである。なぜなら、

「私たち〈現代人〉（未来人から見れば過去の人）は、有史以来、一度たりとも〈未来からきた人〉たちには出会ったことがない」

からである。このようにして、結局、

「〈因果律を破壊〉するような〈過去へのタイムトラベル〉はもともと〈不可能〉である」

との考えが、科学者の中には多いようである。

とはいえ、「過去へのタイムトラベル」は人類にとっての「儚《はかな》い永遠の望み」であろう。その証拠に、現に以下のような「因果律を破壊」しない「高次元物理学」に依拠したいろいろな「過去へのタイムトラベルの方法」が「試行錯誤」されている。

①タイムスコープによる方法

まず、その中の一つに、「因果律を破壊」しないで「過去へタイムスリップする方法」として、もっとも簡単なものに「タイムスコープ」による方法がある。実際には、「望遠鏡」（テレスコープ）を「タイムスコープ」として、「過去へタイムスリップする方法」がそれである。

では、なぜそのようなことが可能なのか。それは、

「光速が有限である」

からである。このことを、わかりやすく説明すれば、私たちが「望遠鏡」で見ている月は「今の月の姿」ではなく、「約一秒前の過去の月の姿」であるということである。なぜなら、地球と月との距離は約三八万キロメートルあって、その距離を「秒速三〇万キロメートルの光は一秒強で走る」から、私たちの望遠鏡に届いている月は、

「一秒強前に月面で反射した〈過去の月〉の姿」

であるからである。その意味は、

「光速が〈有限〉であるからこそ、わずか一秒強前の〈過去の月〉であっても、私たちは、その〈過去の姿〉を見ることができ、一秒強前の〈過去の月へタイムスリップ〉（仮想タイムトラベル）することができる」

というこことである。同様に、私たちは、

「光速が有限であるからこそ、タイムスコープによって八分前の過去の太陽の姿や、四〇〇年前の過去の北極星の姿や、二三〇万年前の過去のアンドロメダ銀河の姿などをも見ることができ、何万年も何百万年も前の〈過去の宇宙へタイムスリップ〉（仮想タイムトラベル）することができる」

ということである。すなわち、私たちは、「テレスコープ」（望遠鏡）という「タイムスコープ」を使って、

「より遠い天体や、より遠い宇宙を見ることによって、より遠い過去の天体や、より遠い過去の宇宙へとタイムスリップすることができる」

ということである。ただし、ここで注意しておきたい点は、

「いま、私たちがタイムスコープで見ている過去は、いつも見ている〈同じ時代の過去〉であって、〈自分の意思で見たいと思う時代の過去〉では決してない」

ということである。その意味は、

「〈自分が見たい時代の過去〉は、タイムスコープでは決して見ることはできない」

ということである。さらにいえば、
「タイムスコープでは、〈希望する過去〉へは決してタイムスリップ（タイムトラベル）すること
はできない」
ということである。

②回転宇宙による方法

前述のように、「タイムスコープ」（テレスコープ）によって「過去の世界を見る」ことはでき
る。しかし、それは「過去の世界を見る」だけで、実際に「過去の世界を訪ねた」ことにはなら
ない。ではどうすれば、実際に「過去の世界へタイムトラベル」することができるのか。そのよ
うな考えの一つに、ゲーデルの「回転宇宙説」というのがある。この考えは、
「ある回転軸の周囲を、宇宙全体が回転していると考える。そうすると、回転軸の近くの場所で
は宇宙の回転スピードは遅いが、回転軸から離れた場所ほど宇宙の回転スピードは速くなるか
ら、回転軸からある距離以上離れた場所では、回転スピードが光速を超えるようになる。すなわ
ち、超光速になる。そうすると、そのような場所へ行けば、因果律が破れ時間が逆行するから、
過去へのタイムトラベルが可能になる」
というものである。ところが、ここで注記しておきたい点は、「特殊相対性理論」によれば、
「宇宙では光より速いものはないのに、その光速を超えて宇宙の回転スピードが超光速になると

いうのは理論的に誤りではないか」

との疑問が起こることになる。しかし、特殊相対性理論にいう、「宇宙で光より速いものはないというのは、〈宇宙空間内〉を移動するさいの上限速度としては、光よりも速いものはないという意味であり、それは〈宇宙空間そのもの〉が運動するさいの上限速度ではないから誤りではない」

との考えもできる。ゆえに、このように考えれば「回転宇宙によるタイムトラベル」も不可能ではないことになろう。ところが残念ながら、ゲーデルのいう「回転宇宙」は、それ自体がこれまでに観測されたことがないので、そのような「回転宇宙による過去へのタイムトラベル」もまた、単なる「想像上のモデル」（SF）にすぎないともいわれている。

③ワームホールによる方法

この方法は、キップ・ソーンが考えた方法で、宇宙の離れた二つの場所から「タイムトンネル」になるような「ワームホール」（虫食い穴にあたる宇宙トンネル）を掘り、その中をゼロ秒で「瞬間移動」して「過去」へ行く方法である。「ワームホール」とは、もともとリンゴなどに開いた「虫食い穴」のことであるが、虫がリンゴの表側から裏側へ移動するには、リンゴの表面を移動するよりも、リンゴの「内部」に開いた「虫食い穴」（ワームホール）を通ったほうが「近道」になる。そして、この「ワームホール説」によると、

「〈宇宙空間〉にも、リンゴの虫食い穴に似た〈タイムトンネル〉である〈宇宙トンネル〉が開いていて〈近道〉がある」

という。しかも、一般相対性理論によれば、

「ワームホールの〈タイムトンネル〉である〈宇宙トンネル〉の内部には、ものすごく強い重力が働いているので、時計がゆっくり進み、〈移動時間はゼロ〉になり、〈瞬間移動〉ができる」

という。このことから、

「ワームホールを利用する過去へのタイムトラベルとは、宇宙空間の近道になるタイムトンネルと、その中に働く強力な重力を利用して、瞬間的に過去へタイムトラベルする方法である」

といえよう。

しかし、この「ワームホール説」もまた、実際に、そのような「宇宙のワームホール」が観察されたことがないので、単なる「想像上のモデル」（SF）にすぎないともいわれている。

④宇宙ひもによる方法

一九九一年に、宇宙物理学者のリチャード・ゴットは、「宇宙ひもによる過去へのタイムトラベルの方法」を提案した。ここに「宇宙ひも」とは、超巨大な質量を持つ「ひも状の天体」のことで、いまだ確認はされていないが、生まれて間もない宇宙には、このような天体ができた可能性があるといわれている。そのような「ひも状の天体宇宙」は、超巨大な「質量」（重力）を持

っているため、周囲の「空間」（時空）を大きく「歪め」て「欠損」させているといわれ、その「欠損」は「時空の角度欠損」とも呼ばれている。そのため、「超巨大な質量を持つ〈ひも状宇宙〉の周囲は、その欠損分だけ短くなっており、宇宙を一周するのに三六〇度未満で行けるので、それによって〈超光速〉での〈過去へのタイムトラベル〉が可能になる」

というのが「宇宙ひもによる過去へのタイムトラベルの方法」である。しかし、この「宇宙ひもによる方法」もまた、実際にそのような「宇宙ひも」が観察されたことがないので「想像上のモデル」（SF）にすぎないともいわれている。

以上が、「高次元物理学」によって、これまでに考えられている「因果律の崩壊なしに、過去へタイムトラベルする方法」であるが、残念ながら現状では、それらはともに「SFの段階の域を出ない」といえよう。ゆえに、以上を総じて、

「現状では、因果律の崩壊なしに過去へのタイムトラベルは不可能に近い」

といえよう。

(3)因果律の崩壊なしに、過去へのタイムトラベルを可能にする方法

では、「因果律の崩壊なしに過去へタイムトラベルをする方法」は他に一切ないのであろうか。

一つだけあるとされている。それが「パラレルワールド説」（並行世界説）と呼ばれる「多重宇宙説」の観点に立って「量子コンピュータ」を利用する方法である。なお「多重宇宙説」については、すでに「量子論が解き明かす真の宇宙像」のところでも詳しく述べたが、そのさい、その「多重宇宙説」の「理論的根拠」となっているのが、外ならぬ量子論の基本理念の「コペンハーゲン解釈」（電子の波動性、粒子性、共存性、波束の収縮性）である。すなわち、「コペンハーゲン解釈」によれば、前述のように、

「電子は宇宙全体に広がっていて（非局所性）、私たちが見ていないときには波であるのに（波動性）、見た瞬間に粒子になり（粒子性と波束の収縮性）、しかもそれらの粒子が重なり合って共存している（共存性）という不思議な性質を持っている」

とされているが、この性質を宇宙そのものに当てはめたのが、前述のエベレットの「並行世界説」であり、私のいう「並行多重宇宙説」（ここでは略して「多重宇宙説」と総称する）である。

すなわち、エベレットは、

「宇宙（基本的には電子からなっている）は、誕生以来、〈時空的〉に〈波動性の宇宙〉（見えない宇宙）と〈粒子性の宇宙〉（見える宇宙）の〈重ね合わせの状態〉（状態の共存性）になっていて、しかも、そのような宇宙が、人間が観測を繰り返すごとに二つに〈枝分かれ〉し、しかもそれらの宇宙が〈並行〉して〈重なり合って共存〉している（それゆえ、並行多重宇宙説）」

と考えた。それればかりか、彼は、

「観測する人間もまた、それぞれの並行多重宇宙に枝分かれして共存しており、しかもその中の一つの宇宙が現在の私たちが住んでいる宇宙である」

と考えた。つまり、エベレットの並行世界説では、

「宇宙も人間も、人間が観察するたびに二つに〈枝分かれ〉し、しかもそのように分岐した〈並行宇宙〉が、次々と〈重なり合って〉存在している」

と考える。しかし、

「私たち人間にとっては、相補性原理によって、それらの並行多重宇宙の中の自分の住んでいる宇宙（この世）しか見えないから、〈多重宇宙の存在〉にも〈並行宇宙の存在〉にも気づかない」

ことになる。ところが、そのさいもしも「量子コンピュータ」のような多くの情報を「同時並列的に多重処理」できる、本当の意味での「スーパー・コンピュータ」さえ開発されれば、

「そのような〈量子コンピュータ〉を利用して、これまでに〈分岐した並行多重宇宙の情報〉も、〈過去の宇宙〉にまで遡って、しかも〈因果律〉とはまったく関係なしに、自分の住んでいるこの宇宙（この世）で、〈映像〉として〈同時並列的に多重処理〉できる」

ようになろう。その意味は、

「そのような〈量子コンピュータ〉による〈同時並列的多重情報処理〉によって、〈並行多重宇宙の過去へのタイムトラベル〉も、〈コンピュータの映像〉として、〈因果律〉とは関係なしに、この宇宙（この世）で可能になる」

ということである。

しかも、そのような「量子コンピュータの開発」はすでに急ピッチで進められているという。前述のように、「量子コンピュータ」は現在の「半導体コンピュータ」に比べて「桁違いに優れた能力」を持っている。ちなみに、現在の半導体コンピュータでは、「0」か「1」か（オフかオンか）の「半導体ビット単位」を基本に計算をするが、「量子コンピュータ」であれば、「0と1の重ね合わせ」（0でもあり、1でもある）という「量子ビット特有」の「状態の共存単位」で計算をするから「驚異的な計算処理能力」を発揮することになる。この点に関しては、すでに第四部の「量子ビットの発見」のところでも詳しく述べたが、その「量子コンピュータ」の発案者であるデヴィッド・ドイチュによれば、

『量子コンピュータ脳は〈高速並列多重演算処理〉が可能なので、〈複数の宇宙の情報〉をも〈同時並行的〉に〈高速処理〉することができる』

という。よりわかりやすくいえば、

「〈量子コンピュータ脳〉は、多重に分岐した〈多重宇宙〉の〈あちら側〉（あの世）の過去の情報を合体させたあとで、再びそれを〈こちら側〉（この世）で〈同時並列的に情報処理〉することができる」

ということである。さらにいえば、

「宇宙は分岐した後に次々と二つの分身に分かれるが、量子コンピュータでは、それらの分岐し

た宇宙の「過去の多くの記録」を合体させた後で、再びそれをこちら側（この世）で情報処理しようとするものであるから、それぞれの分身宇宙は、観測された宇宙については、それぞれ別々の過去の記憶を持っているはずであり、それらの過去の記憶をすべて合体させた後の量子コンピュータは、それぞれの〈分身宇宙の過去の記憶〉をすべて持っている」

ということになる。とすれば、

「そのような〈量子コンピュータ〉は、〈過去の記憶〉を〈映像〉としてもすべて記録していることになる。その意味は、

「そのような〈量子コンピュータ〉は、〈過去へのタイムトラベル〉を〈映像〉としても可能にしてくれる」

ということである。そうであれば、

「〈量子コンピュータ〉さえ開発されれば、人類にとっては至難な〈因果律の問題〉からも、〈タイムマシンの製造の問題〉からも〈解放〉され、〈画面上で過去へのタイムトラベル〉が可能になる」

ということである。このことから、

「人類は〈量子コンピュータ〉の開発によって、その〈積年の夢〉である〈過去へのタイムトラベル〉も、〈映像〉によって〈実現〉することができる」

ということである。さらに、

「人類は〈量子コンピュータの開発〉によって、その〈積年の夢〉であり、〈積年の願い〉でもある〈亡くなった愛《いと》しい人たちに会いたい〉といった〈心の旅路〉を、〈映像〉によって叶えることができる」

ということである。とすれば、そのことはまた、前記のように、

「〈時間〉こそが、人類の果てしなき〈夢〉を叶えてくれるとの何よりの〈証〉であり、なんと〈感動的〉で、なんと〈夢多き〉こと」

であろうか。

なお、私事ではあるが、私の本書の執筆もまた、最近、亡くした愛しい娘に会いたいとの私の「切なる想い」が、その動機である。

参考文献

第一部
1 ブライアン・グリーン『エレガントな宇宙』林一・林大訳、草思社
2 並木美喜雄『量子力学入門』岩波新書、二〇一三年、一〇三頁
3 岸根卓郎『文明論増補版――文明興亡の法則』東洋経済新報社、一九九六年
4 岸根卓郎『文明興亡の宇宙法則』講談社、二〇〇七年
5 Takuro Kishine *"Eastern Sunrise, Western Sunset"*, Oughten House Publication, USA, 1997

第二部
6 岸根卓郎『私の教育論』ミネルヴァ書房、一九九八年
岸根卓郎『私の教育維新』ミネルヴァ書房、二〇〇一年
岸根卓郎『文明論――文明興亡の法則』東洋経済新報社、一九九〇年
7 ニュートン別冊『量子論 改訂版』和田純夫監修、二〇〇九年
8 並木美喜雄『量子力学入門』岩波新書、二〇一三年、一三〇頁
9 佐藤勝彦監修『量子論がみるみるわかる本』PHP研究所、二〇〇九年、一九〇～一九一頁

10 竹内薫『量子論の基本と仕組み』平河工業社、二〇〇六年、七九頁
11 竹内薫『量子論の基本と仕組み』平河工業社、五一頁、一九〇～一九一頁
12 岸根卓郎『見えない世界を科学する』彩流社、二〇一一年、三一〇頁
13 岸根卓郎『見えない世界を科学する』彩流社、一七四頁
14 岸根卓郎『見えない世界を科学する』彩流社、一七七頁
15 岸根卓郎『見えない世界を科学する』彩流社、八八頁
16 岸根卓郎『見えない世界を科学する』彩流社、一八一頁
17 F・A・ウルフ『量子論の謎をとく』中村誠太郎訳、BLUE BACKS、一九九五年、三六五～三六六頁
18 岸根卓郎『見えない世界を科学する』彩流社、三一〇頁
19 岸根卓郎『見えない世界を科学する』彩流社、一八八～一九二頁
20 岸根卓郎『見えない世界を科学する』彩流社、一九四頁
21 岸根卓郎『見えない世界を科学する』彩流社、三二二～三三一頁

第三部

22 F・カプラ『タオ自然学』吉福伸逸他訳、工作舎、一九七九年、一六五頁
23 F・カプラ『タオ自然学』吉福伸逸他訳、工作舎、一六八頁
24 岸根卓郎『宇宙の意思』東洋経済新報社、一九九三年、三九五頁
25 岸根卓郎『見えない世界を科学する』彩流社、三一〇頁

26 岸根卓郎『文明の大逆転』東洋経済新報社、二〇〇二年、一三九～一五一頁
岸根卓郎『見えない世界を科学する』彩流社、二〇一〇～二四三頁、二二八～二三一頁

第四部

27 ニュートン別冊『量子論 改訂版』和田純夫監修、二〇〇九年、一一二頁
28 岸根卓郎『宇宙の意思』東洋経済新報社、三五三～三五九頁
29 佐藤勝彦監修『量子論がみるみるわかる本』PHP研究所、二〇〇九年、一九五～二〇五頁

第五部

30 佐藤勝彦監修『タイムマシンがみるみるわかる本［愛蔵版］』PHP研究所、一八三頁
31 佐藤勝彦監修『タイムマシンがみるみるわかる本［愛蔵版］』PHP研究所、一九八～二二一頁
32 佐藤勝彦監修『タイムマシンがみるみるわかる本［愛蔵版］』PHP研究所、二一〇～二一三頁
33 佐藤勝彦監修『タイムマシンがみるみるわかる本［愛蔵版］』PHP研究所、二一四～二一六頁
34 岸根卓郎『文明論――文明興亡の法則』東洋経済新報社、一九九〇年、二五七～二五八頁
35 岸根卓郎『文明論――文明興亡の法則』東洋経済新報社、一九九〇年

補論

36 竹内薫『超光速ニュートリノとタイムマシン』徳間書店、二〇一一年

37 今野健一『死後の世界を突きとめた量子力学』徳間書店、一九九六年、一八五〜一九二頁
38 佐藤勝彦監修『タイムマシンがみるみるわかる本［愛蔵版］』ＰＨＰ研究所
39 佐藤勝彦監修『タイムマシンがみるみるわかる本［愛蔵版］』ＰＨＰ研究所、三二〜三三頁
40 竹内薫『超光速ニュートリノとタイムマシン』徳間書店、九一〜九五頁
佐藤勝彦監修『タイムマシンがみるみるわかる本［愛蔵版］』ＰＨＰ研究所、一六〜五五頁
41 佐藤勝彦監修『タイムマシンがみるみるわかる本［愛蔵版］』ＰＨＰ研究所、一六〜五五頁
42 竹内薫『超光速ニュートリノとタイムマシン』徳間書店、九五〜一一九頁
佐藤勝彦監修『タイムマシンがみるみるわかる本［愛蔵版］』ＰＨＰ研究所、六六〜一〇五頁

〈著書〉

〔統計学〕 『理論・応用・統計学』養賢堂、1966年
『入門より応用への統計理論』養賢堂、1972年
〔林政学〕 『林業経済学』養賢堂、1962年
『森林政策学』養賢堂、1976年
〔農政学〕 『食料流通革命——総合食料政策への道』農林出版、1976年
『現代の食糧経済学』毎日新聞、1977年
『食料経済——21世紀への政策』ミネルヴァ書房、1990年
〔システム論〕『食料産業システムの設計』東洋経済新報社、1972年
『食料計画と社会システムの設計』東洋経済新報社、1978年
『システム農学』ミネルヴァ書房、1990年
〔国土政策〕『わが国あすへの選択』地球社、1983年
『新しい国づくりを目指して——農都融合社会システム』春秋社、1985年
『国土政策の未来選択——地球との共生のために』地球社、1988年
〔環境論〕 『人類　究極の選択——地球との共生を求めて』東洋経済新報社、1995年
『環境論——環境問題は文明問題』ミネルヴァ書房、2004年
〔教育論〕 『私の教育論——真・善・美の三位一体化教育』ミネルヴァ書房、1998年
『私の教育維新——脳からみた新しい教育』ミネルヴァ書房、2001年
〔哲学・宗教〕『宇宙の意思——人は何処より来りて、何処へ去るか』東洋経済新報社、1993年
『見えない世界を超えて』サンマーク出版、1996年
『見えない世界を科学する』彩流社、2011年
〔文明論〕 『文明論——文明興亡の法則』東洋経済新報社、1990年
『森と文明——森こそは人類の揺籃、文明の母』サンマーク出版、1996年
“Eastern Sunrise, Western Sunset” (Oughten House Publication USA, 1997)
『文明の大逆転』東洋経済新報社、2002年
『文明興亡の宇宙法則』講談社、2007年

〈著者略歴〉

岸根卓郎（きしね　たくろう）

京都大学教授を経て、現在、京都大学名誉教授、南京経済大学名誉教授、元佛教大学教授、元南京大學客員教授、元 The Global Peace University 名誉教授・理事、文明塾「逍遥楼」塾長。

著者の言説は、そのやさしい語り口にもかかわらず独創的、理論的かつ極めて示唆に富む。

京都大学では、湯川秀樹、朝永振一郎といったノーベル賞受賞者の師であり、日本数学界の草分けとして知られる数学者、園正造京都帝国大学名誉教授（故人）の最後の弟子として、数学、数理経済学、哲学の薫陶を受ける。既存の学問の枠組みにとらわれることなく、統計学、数理経済学、情報論、文明論、教育論、環境論、森林政策学、食料経済学、国土政策学から、哲学・宗教に至るまで幅広い領域において造詣の極めて深い学際学者である。

宇宙の法則に則り東西文明の興亡を論じた『文明論』は、「東洋の時代の到来」を科学的に立証した書物として国際的にも注目を集め、アメリカおよび中国でも翻訳され、中国ではベストセラーとなり、内外でも絶賛され大きな反響を呼んだ。

また、著書の『宇宙の意思』は「生」と「死」について、洋の東西における「生死観」の対比を、東洋の神秘思想から西洋科学の量子論に至るまでを視野に入れてひもとくものとして極めて高い評価を得た。本書は、その『宇宙の意思』と前著の『見えない世界を科学する』を、「量子論による心の世界とあの世の解明」の観点からより深化させた姉妹編である。

量子論から解き明かす「心の世界」と「あの世」
——物心二元論を超える究極の科学

2014年2月26日　第1版第1刷発行

著　者　岸　根　卓　郎
発行者　小　林　成　彦
発行所　株式会社ＰＨＰ研究所
東京本部 〒102-8331　千代田区一番町21
学芸出版部 ☎03-3239-6221（編集）
普及一部 ☎03-3239-6233（販売）
京都本部 〒601-8411　京都市南区西九条北ノ内町11

PHP INTERFACE　http://www.php.co.jp/

組　版　有限会社メディアネット
印刷所
製本所　図書印刷株式会社

ISBN978-4-569-81689-0

「量子論」を楽しむ本

ミクロの世界から宇宙まで最先端物理学が図解でわかる!

佐藤勝彦 監修

素粒子のしくみから宇宙創生までを解明する鍵となる物理法則「量子論」。本書ではそのポイントを平易な文章と図解を駆使して徹底解説。

〈PHP文庫〉定価 本体五一四円(税別)

PHPの本

相対性理論から100年でわかったこと

佐藤勝彦 著

はたしてアインシュタインは超えられたのか？　量子論から素粒子論、そして宇宙論へ、この100年が解き明かしてきた「物理学のあらすじ」。

〈PHPサイエンス・ワールド新書〉定価 本体八四〇円（税別）

PHPの本

［図解］量子論がみるみるわかる本（愛蔵版）

佐藤勝彦 監修

相対性理論と並び称される「量子論」。物質の構造から宇宙のはじまりまでを解明する物理法則を図やイラストでわかりやすく解説する。

定価 本体四七六円（税別）